原来数学
还可以
这样学

[日] 鹤崎修功 ———— 著　佟　凡 ———— 译

人民邮电出版社
北　京

图书在版编目（CIP）数据

原来数学还可以这样学／（日）鹤崎修功著；佟凡
译． -- 北京：人民邮电出版社，2025． -- ISBN 978-7
-115-67333-6

Ⅰ．O1-49

中国国家版本馆CIP数据核字第2025ST3916号

内 容 提 要

本书结合作者个人的学习经验和方法论，深入剖析了小学至高中数学中
难以掌握的关键点，旨在帮助学生更好地理解课堂上所学的数学知识，并激
发他们对数学这门学科的热爱。此外，作者在书中提供了既实用又贴近日常生
活的数学应用实例，有助于读者运用高中及之前所学的数学知识解决现实问
题。本书既可作为数学自学用书，又能作为数学的亲子共读书，帮助父母在
家庭教育中给予孩子正确的数学学习指导。

◆ 著　　　　[日]鹤崎修功
　　译　　　　佟　凡
　　责任编辑　魏勇俊
　　责任印制　胡　南
◆ 人民邮电出版社出版发行　　北京市丰台区成寿寺路11号
　　邮编　100164　电子邮件　315@ptpress.com.cn
　　网址　https://www.ptpress.com.cn
　　临西县阅读时光印刷有限公司印刷
◆ 开本：880×1230　1/32
　　印张：8.125　　　　　2025年7月第1版
　　字数：195千字　　　　2025年7月河北第1次印刷
　　著作权合同登记号　图字：01-2024-0542号

定价：79.80元
读者服务热线：(010)84084456-6009　印装质量热线：(010)81055316
反盗版热线：(010)81055315

版 权 声 明

序 言

大家好，我是鹤崎修功，隶属于东京大学知识竞赛研究会。2016 年 10 月，我有幸在 TBS 电视台的知识竞赛特别节目《东大王 2016》中亮相，并出人意料地赢得了那场比赛。自 2017 年 4 月该节目成为常规节目以来，我有幸长期参与其中，因此许多人对我的印象是"答题王"。

此外，我是东京大学大学院数理科学研究科的一员。从小学一年级算起，**我与数学结下的不解之缘已有近 20 年**。

在获得出书机会、思考应该分享哪些内容的时候，我立刻下定决心，要向大家介绍"数学"，而非仅仅是答题技巧或学习方法。

我必须坦白，自幼儿园起，我就对数字情有独钟。就像其他孩子可能对恐龙或绘画充满热爱一样，我对 2、8 之类数字的形状感到着迷，也对 2 和 8 相加等于 10 感到兴奋和好奇。

正是这份对数字的热爱，让我喜欢上了计算，并在数学方面表现出色。我的梦想是"成为研究数学的人"。

"学习数学需要天赋和想象力吗?"

这是我经常听到的问题之一。我不否认，任何事情都有"适合与不适合"之分，但我想说:"需要，但需要的不是天才般的灵光一现，因此完全可以通过增加练习量来提升数学能力。"

尽管我擅长数学，但也不希望被人简单地归结是因为我"天生聪明"或者"本来就喜欢"。我可以自信地说，从小学起，我就花费了比身边的人多 10 倍以上的时间学习和享受数学。**天赋和想象力**

并不是与生俱来的，而是需要锻炼的。因此，我希望大家在阅读本书时，不要把书中的内容当成沉迷于数学的怪人才会说出的话。

我持续钻研数学的原因在于我对它怀有浓厚的兴趣，并能从中获得愉悦和乐趣，有时甚至会从中感受到美。因此，**本书有一个非常简单的重要目标——"让大家爱上数学"。**

或许有人会问："你是说，即使我读了这本书，也不能变得擅长数学吗？"当然不是，喜欢数学的人变得擅长数学的概率更大。

令人意外的是，也有"不怎么喜欢但擅长数学的人"。但是，如果不喜欢数学，一旦有了厌烦情绪，马上也会变得不擅长。所以，本书的目标是"让大家爱上数学"。

本书主要涵盖了高中之前的数学知识，这是有原因的。

假设正在阅读本书的是**小学生或初中生，若无法在数学学习中找到乐趣，不擅长的领域往往难以攻克，即便是曾经擅长的领域，也可能因缺乏兴趣而逐渐生疏，最终导致对数学产生厌恶情绪。**

如果是已经步入社会的人，或许不会再把数学当成一门学科来学习，不过**若能熟练掌握高中之前的数学知识，日常生活中涉及数字和计算的问题将不会构成挑战。**另外，如果你是一位家长，还可以在孩子学习的重要时期提供帮助。比如**当孩子问某个公式是怎么得出来的时候，如果你能解释清楚，孩子一定会对你刮目相看。**

请带着轻松的心情阅读本书，如果大家读完后能够感到"原来数学这么有趣"，那将是我最大的荣幸。

目　录

095 第 3 章 函数、函数图像之路

115 第4章 图形之路

167 第 5 章 概率之路

193 第 6 章 整数之路

239 "答题王"鹤崎的挑战书！解答篇

243 作者后记

序章

享受数学吧

了解学习的意义，轻松学习

一边享受一边加深理解的 4 种"心情"

感受"武器"的升级，一口气看完高中前的数学

了解学习的意义，轻松学习

满分不是全部

我认为，不仅是小学生和初中生，成年人在面对数学时，态度和感受也是多种多样的。

- 不会做计算
- 上课渐渐跟不上
- 不会做应用题
- 虽然擅长，但并不觉得数学有趣
- 不影响日常生活，却没办法回答孩子的问题

例如，许多人面临着上述问题。由于每个人的情况都不尽相同，我很难针对每个人的具体情况逐一进行说明。而且，要使大家完全理解在学校所学的全部知识，那将需要大量的篇幅。

因此，我想在开篇阐明一点：

本书的目的并非教导大家为了在考试中获得满分而过分努力。

近年来，体育界也展开了类似的讨论。人们认为，孩子们在成长过程中不应过分专注于赢得比赛，如果他们无法从比赛中获得乐趣，就可能失去兴趣，停滞不前。

我认为这一观点同样适用于数学学习。小学生无疑是处于成长的早期阶段，而对数学学习来说，中学生也可能处于这个阶段。因此，对于这个年龄段的学生来说，追求满分并非唯一目标。我更希望他们能够真正地享受数学带来的乐趣。

本书的核心宗旨是激发大家对数学的热爱，在实现这一目标的过程中，**我希望大家能从内心深处享受数学带来的乐趣。**

"为什么要学习"的困惑

之所以说"不要为了考满分而过分努力"，还有另外的原因，即不管处于何种情形，**大家应该都思考过"我为什么要学习数学"这个问题**。这是一个普遍的困惑，也是一道难以跨越的障碍。在很多时候，一旦这种想法出现，我们在学习数学时就可能会感觉困难重重，丧失兴趣，无法从中得到乐趣。

让我们具体来看看这种情况。

学校的考试和升学考试确实存在"标准答案"。然而，如果学习仅仅是为了找到这些标准答案，将能够正确解答问题视为"学习的全部意义"，那么在面对题目时，人们可能会开始质疑："这究竟是一道什么题目？是智力测验吗？这样做有意义吗？"随着时间的推移，他们可能会逐渐忘记学习的目的，最终"无法从中获得乐趣，无法真正热爱数学"。

即便是那些自认为擅长数学的人，可能也会对这个问题感到困惑。数据显示，许多人确实存在这样的疑问。根据 2015 年日本文部科学省发布的"理工科人才培养战略"，日本初中生的数学能力处于世界领先水平。

然而，日本人"学习数学的积极性"的调查结果却低于平均值。也就是说，日本人**虽然数学能力挺强，但普遍不怎么喜欢数学**。要问这会给日本带来什么影响，那就是学生在高中阶段决定自己未来的方向时，有相当多的人会放弃数学。总而言之，这种结果意味着如果学习数学仅仅是为了获取"标准答案"，人们很容易丧失学习的意义。

学习数学的真正意义

因此，无论大家是否擅长数学，我都想再次强调："并非只有考满分才是学习的意义。"

我们可以从别的角度探讨一下这个话题。

例如，学校里的"霸凌问题"经常成为话题。很多人都希望实现"零霸凌"，但这是一个很难实现的棘手问题。该如何解决这个问题呢?

如果你是小学生，可能在道德与法治课上曾经和大家一起讨论过自己应该怎么做。或者，有人觉得应该通过法律途径来解决，还有人觉得可以依靠国家或地方政府设立相关咨询窗口来解决。

据说在印度有位学生曾注意到，某些霸凌的源头可能存在于互联网论坛上。于是，他提出了一个解决方案：利用人工智能(AI)识别可能引发霸凌的在线帖子，以便提前预防。

AI技术旨在让计算机承担部分人类的判断工作，要想熟练且高效地运用AI，掌握高中及大学阶段的专业数学知识就显得尤为重要。

我想表达的是，其实不只是校园霸凌问题，大家在步入社会后会遭遇各种各样的问题与挑战。成年人对此应该都深有体会。

像那位印度学生一样，运用数学能力去解决这类问题，这才是学习数学的真正意义所在。

也就是说，**勇敢地直面那些可能没有"标准答案"的问题，才是学习数学的真正意义**。因此，不必强求满分，能用数学思维去思考和解决问题才最为重要。

很多人常常误认为"学习数学就是为了得到唯一的正确答案"，而我要大声说："这种想法大错特错！"当你抱有这样的想法时，学习数学就会变得毫无乐趣可言。

我认为只有享受数学，才能获得在没有"标准答案"的情况下跨越障碍的力量。

虽说如此，会读这本书的人应该都有较高的学习积极性，比如想要追回落后的学习进度，或者想学得更好。当然，如果能考满分自然就更好了。

若要像那位印度学生一样带着明确的目的去运用数学，那就需要更高水平的学习能力。如果本书能够帮助大家提高学习能力，也是一件好事。

不过**在上高中之前，还是先享受数学为好，如果能因此加深对数学的理解就更好了。**希望大家都能带着轻松的心情继续阅读。

一边享受一边加深理解的 4种"心情"

能在现实中派上用场的"心情"

我要说的内容用一句话概括就是**"数学的'心情'"**。

这并非一本语文书，却意外地出现了"心情"这一与数学看似风马牛不相及的词语，是否让各位感到困惑？然而，为了更深入地理解彼此，了解对方的"心情"难道不是必要的吗？愉快、有趣、喜欢，这些无疑都属于"心情"的范畴。因此，我想就此展开讨论。

主要的"心情"如下。

① 能在现实中派上用场的心情
② 浓缩成公式、定理的心情
③ 有逻辑地解决问题的心情
④ 把数学当成数学本身来享受的心情

关于①，我希望大家带着能在现实中用到数学的**"心情"**来享受它，尽量不做令人摸不着头脑的书面题目。

想必大家都有过这样的经历，时常能听到朋友们的议论："数学没什么用，将来也用不上，不会也没关系。"

然而，数学实际上已经演变成一种解决日常生活中各种任务和问题的"利器"。它能够帮助我们计算重量、长度，甚至精确地测量形状复杂区域的面积。

正因如此，在长达5000年的历史中，人们需要数学，并且将其发展成了一门学科。**既然能够解决现实问题，数学就能在生活中派**

上用场。

　　退一万步讲，要说高中阶段的数学"派不上用场"还可以理解，毕竟高中数学学得越深，距离日常生活就越远（但其实依然能派上用场），而初中阶段的数学就并非如此了。

了解"武器"的心情，还能加深理解

　　关于②，我以初中学到的"勾股定理"来解释吧。

　　下图中的公式表示直角三角形三条边长的关系，在不太喜欢数学的人看来，这或许只是个枯燥无味的公式。

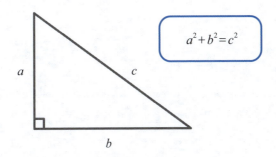

$$a^2 + b^2 = c^2$$

　　然而，在数学的长期研究过程中，公式和定理是浓缩了"有用部分"的本质和精髓。理解了公式和定理，**就能理解它们是如何（在什么样的"心情"下）诞生的，应该如何（以什么样的"心情"）使用**。

　　背诵勾股定理很容易，但了解其背后的"心情"，必定能让人更深刻地体会到数学的乐趣。

　　我举这条定理的例子，是因为它比较通俗易懂。如果从更宏观的角度审视，**学校的教科书本身就是诸多精华的浓缩，汇集了众多**

核心要素，包括"正确的解题方法"和"被广泛认可的事实（定义）"等。在本书中，我将把所有这些要素汇总起来当作"武器"，选取其中一部分来深入探讨其背后的"心情"。

坦率地说，就是**不能仅仅学习课本中的表面知识，还要理解知识背后的"心情"，才能变得更加强大。**

▨ 解"应用题"的"心情" ▶

关于③，简单来说就是解题时的"心情"和思考方式。无论面对什么样的问题，解题后能感到开心，获得朴素的成就感，这本身就是一种享受。希望大家都能体会这种解决问题后的愉悦心情，同时享受解题的过程。

"请证明圆周率大于 3.05。"

上面这个例子是东京大学的一道著名复试题。即使面对这类无法轻易求解的问题，也要带着总能解开的愉悦心情去思考。

- 动手代入例子。如果是求 x, y, z 这类的题目，可以先尝试随便代入数字。
- 尝试在较小的范围内思考。如果问题是关于 100 年后，那就先想想 1 年后。
- 思考极端情况。
- 把问题换成更便于自己理解的说法。用"如果是这样就好了"的方式思考相似的问题。

用上述方法可以找到解决问题的突破口。之后就要利用自己掌握的"武器"，也就是课本上的"基础知识"，思考应该怎样组合使用了。这就是解"应用题"的方法。

顺便一提，前面举例的这道题其实用小学数学知识就能证明。

稍微岔开一下话题，我们来谈谈"基础"和"应用"。

我们经常听到这样的烦恼："**就算基础打扎实，也还是不会做应用题！**"基础的确很重要，通过不断积累基础知识，进而能够做应用题，这种想法本身没有问题，但我觉得再深入一步去理解会更好。

所谓基础，就是单一的知识点。像"请求解以下方程"或者"求出圆的面积"这类问题，因为基础知识就写在课本上，所以很容易求解。

应用又是怎么回事呢？严格来讲，应用就是"运用基础知识"。不过这样会让问题复杂化，我们不妨换个更直接一点的问法："什么是应用题？"**应用题就是需要使用多种基础知识来解决的问题。**这样一想，是不是瞬间感觉轻松多了？但不知为何，依然有很多人认为"没有超高天赋和悟性就解不了应用题"。

因此，要想解应用题，就必须把应用题分解成"基础知识题"，或者巧妙组合基础知识，得出最终想要的结论。

相反，解不了应用题的原因在于不知道如何运用基础知识，缺乏有逻辑地解决问题的能力。

解应用题的"心情"和思维方式在思考现实生活中"或许没有标准答案的问题"时，同样能够派上用场。

把数学当成数学本身来享受

实际上，①~③的内容在某种意义上都是在说"因为数学总会派上用场，所以要学习"。大家是不是经常听到类似的话？

然而，面对"因为数学在现实中能派上用场，所以应该享受"这样的劝导，大家还是会有些畏缩，中小学生更是如此。

因此便有了④，我希望大家用更纯粹的"心情"，**把数学当成数学本身来享受**，不要因为数学的"语言"是数字、字母和符号就心生畏惧。

这种感觉很难用语言去解释，例如，我第一次看到勾股定理时，脑海里不是"这个很好记"，而是惊叹"直角三角形竟然能得出如此简单的公式，太厉害了"，并且深受触动。或许有人觉得我这样的想法有些奇怪，但我甚至从公式中感受到了一种美。

这种感觉与能否切身体会到数学的实用性无关，我恰恰认为，**对数学中成立的事实本身产生兴趣和好奇才是最理想的状态**。

因此，如果大家在看到我展示熟练技巧、完成复杂计算时，能够产生"好厉害啊""这种解法真巧妙"之类的感触，我的心情也会随之变得愉快。

假如你想要拍出好照片，比起仅仅想获得更多好评，如果还能对摄影器材产生兴趣，或者喜欢上照片本身，那么你的摄影水平将会提升得更快，不是吗？

同样地，**让数学"派上用场"和"享受数学本身"双管齐下，大家的数学水平就能进一步提升，最终达成本书的目标——"爱上数学"**。

感受"武器"的升级，一口气看完高中前的数学

"7 条道路"的含义

前文的 4 种"心情"还可以有另外一种解释。

粗略浏览一下本书目录，可以看到以下"7 条道路"。

> ①数之路 ②方程之路 ③函数、函数图像之路 ④图形之路
> ⑤概率之路 ⑥整数之路 ⑦逻辑、证明之路

这 7 条道路其实就是将我们在学校学到的内容按 7 个主题进行分类。

在学校里，不同学年学习的内容在某种程度上是固定的，无法改变，很容易出现昨天还在学习数主题的内容，今天就跳到了图形主题这样的情况。

我认为，我们可以不遵循既定顺序，而是**一边感受当下学习（阅读）的内容，一边想象它们之后会发展成什么样子，感受数学作为"武器"的升级过程，感受自己"能够做到的事情逐渐增加"，一口气通读同一个主题下的所有内容，这样的方法会让人更加享受。**

另外，数学这门学科的特点是，只要有一步被绊住，就会越来越学不明白，许多感觉自己跟不上教学进度的人正是陷入了这种困境。举例来说，如果在小学四年级的数学学习中遇到障碍，那么在接下来的至少五年里，直到初三，你可能都会觉得课堂上的内容难以理解，如此艰难的处境自然也会导致你对数学产生厌恶情绪。

但是，如果采用按不同主题进行分类的形式，我们就能纵观自己的情况，并确认"自己是从什么地方开始听不懂的""哪项内容与这里有联系"等。

本书的目的并非让大家 100% 理解高中之前学习的数学知识，不过**如果能沿着"道路"了解未来的方向，一定会对大家有帮助。**

我的学习方法和想读的书

我所说的沿着"道路"了解未来的方向，其实也是我本人最重视的学习方法。

不仅是数学，**我学习所有学科的方法都很简单，就是预习**，并且主要是看课本。从小学到初中，我最多提前看过 4 年的课本。上高中后，我知道在书店可以买到课本，就在高一时买齐了所有我喜欢的数学课本。

我所说的"预习能力"，是指不被动等待别人来教，而是积极主动提前学习的能力，这种能力至关重要。

此外，想必大家都不太喜欢单纯的复习，因此，可以将在学校上课视作一种复习方式，这种学习方法可以迫使自己去完成那些不那么令人愉快的复习任务。

但是，不能因为自己已经预习过上课学的内容，就在课堂上玩耍。

认真上课的重要性体现在两个方面。首先，**教师所传授的知识有时会与学生自学的内容存在差异**。以数学课程为例，课堂上学生有机会接触到与自己惯用的解题方法不同的新颖解法。

其次，直至高中阶段，教师通常都会预先准备板书，即**事先规划好将要书写在黑板上的内容。由于这些内容是经过精心备课的，**

因此总结得相当完整。所以，在抄写板书时，无须添加额外信息，学生可以专注听讲。

　　稍微岔开一下话题，我前面提到"预习能力"至关重要，是想对正在阅读本书的读者说，如果你是一名六年级的小学生，即便在本书中遇到学校尚未教授的知识，我也希望你不要放弃，坚持读完。其实，在我上小学时，比起"某年级的数学"之类的书，**像这样不按年级划分内容的书才是我期望读到的书**。

　　学习的内容实际上与年龄无关，小学生同样能够理解高中数学中才会接触到的"微积分"。如果成年人在阅读本书后能够重新发现数学的无限可能，我自然也会感到非常高兴。

和玩游戏一样的"享受方式"，一生的财富

　　我喜欢游戏，也经常打游戏，我发现数学其实和 RPG（角色扮演游戏）一样，会得到"剑"和"斧头"等新武器，有时还能通过锻造武器让自己变强。

　　踏上"道路"的第一步，你会得到一根"木棍"。拿到木棍后，请你每天进行挥舞练习，横着挥或者竖着挥都可以，这些都属于基础练习。本书将着重讲解用木棍之类基础"武器"打倒敌人的方法和"心情"。

　　进入下个阶段后，你会得到一把"铁剑"。因为它是更强大的武器，所以能够打倒的敌人也变多了。同样地，你要通过反复练习来夯实基础，学习打倒敌人的方式和武器的使用技巧。

　　你还可能会在另外一条"道路"上获得一把"铁斧"。一旦精通

了"铁斧"的使用技巧，你便能将其与手中已有的"铁剑"融合，形成更为强大的武器，击败更加强劲的对手。

当然，本书中能够传授给大家的"武器"使用方法肯定是有限的。不过，想象一下，当你像往常一样挥舞着剑，却发现难以轻易战胜对手时，你可能会开始思考适合自己的战斗方式，例如"敌人背后似乎存在破绽，或许我可以尝试绕到他的背后进行攻击"。当你开始有这样的思考时，便意味着你已经真正踏上了自我提升之路。

下页的图是我绘制的数学冒险简单示意图。

获得散落在数学世界中的"武器"，并掌握它们的各种用法，"武器"就能发挥出更大的威力。

因此，你所经历的"道路"将逐渐拓展，犹如**大脑神经网络般延伸出无数的"岔路"**。

获得力量后，你将所向披靡！

只要你愿意，你就会成为能够在解决社会问题、开发新项目等各种情境中，将各种问题转化为数学问题并解决的人。

我可以断言，**这项能力将是你一生的财富**。

虽然铺垫很长，不过这可以说是为了让大家深入理解本书而开的一节"班会"。

下面让我们在"7 条道路"上再次相会吧！

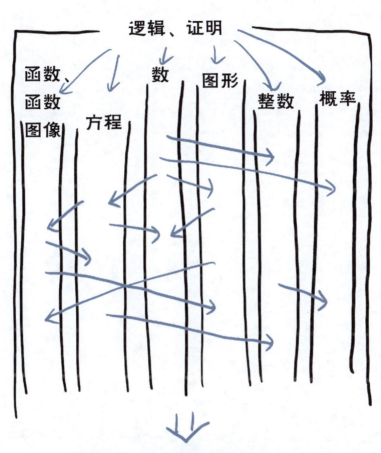

**获得更加强大的武器，
通向更加多彩的道路……**

第1章

数之路

了解"小数"和"分数"的特点与原理

第一步

小学生

"小数"和"分数"的用途

我们最开始学的数是"自然数"。自然数可以表示物体的个数，还能体现事物的顺序。另外，我们还会学习使用自然数进行四则运算，也就是加减乘除。

如果只说结论，在用自然数进行四则运算时，有时会遇到小学生好像无法进行减法和除法运算的情况，比如 $2-5$、$3\div9$ 等。

后来，想要用数表示 $3\div9$ 的"心情"促使人们发明出了"小数"和"分数"，于是"武器"得以进化升级。

那么让我们试着用小数和分数进行计算吧。

用小数　$3\div9=0.333333\cdots$

用分数　$3\div9=\dfrac{3}{9}=\dfrac{1}{3}$

用小数表示的话，3 会无限循环，无法除尽，这就叫"无限小数"。用小数表示除法的结果时，很容易出现无限小数。

为什么会这样呢？因为在十进制数系统中，数是以 10 为基础进行划分的。例如，1 的 10 倍是 10，1 的 100 倍是 100。而小数则相反，把 1 分成 10 份，其中一份是 0.1，把 1 分成 100 份，其中一份是 0.01。

由于 0.1 是 $\dfrac{1}{10}$，0.01 是 $\dfrac{1}{100}$，因此，只要除数(位于 "$\div$" 右边的数，即分母)不能完全分解为 2 和 5 的乘积，结果就会是一个无限小数。

$$\frac{1}{20} = \frac{1}{2 \times 5 \times 2} = 0.05 \qquad \frac{1}{7} = 0.1428571\cdots$$

20可以分解成2和5的乘积　　7不能，所以结果变成了无限小数

不过小数并不是不能用，只是要看用法。比如 329.20154，就可以想象成"大约是 329"。**"大约"表示"近似"，小数适合表示近似，但不太适合计算。**

与之相对，看到分数 $\frac{17}{144}$，大家可能一时也很难想象出它的大小，对吧？然而，**由于任何除法的结果都可以用分数来表示，因此尽管分数在表示近似值时略显不便，它们却非常适合进行精确计算。**

用数学思维思考是指"格式化"

 题目

A家里有3 kg大米。

A每顿饭能吃 $\frac{4}{5}$ 合大米。

假定1合是150 g，那么A家的大米还能吃几顿？

在这道题中，由于单位不统一，因此我们首先要统一单位。这次就统一成"合"吧，3 kg 等于 3000 g，因为"1 合是 150 g"，所以"3000÷150＝20（合）"。可知 A 家有 20 合大米。

做好统一单位的准备后，就要进入正题了。大家会如何解决"家里的大米能吃多久"这类日常问题呢？

数学学习的核心价值在于，无论面对什么样的问题都尝试运用数学思维进行思考。所谓**"运用数学"**，用最简单的话来说就是**"列等式"**（严格来说不仅包含等式，还包含逻辑和图形等），用复杂一些的词来说就是**"格式化"**。

下面让我们找出刚才那道题的等式吧。因为题目中出现了分数，所以或许有人会不知所措。

这种情况下，**试着把题目变成自己容易理解的形式，是解决问题的"心情"**之一。比如，可以先假设 A 每顿饭能吃 4 合大米，这样还能吃几顿？答案是"20÷4=5（顿）"，我们很容易就能想到能吃 5 顿。

于是，我们可以果断地判断出这道题用除法来解。

由此列出等式。

$$20 \div \frac{4}{5} = ?$$

为什么"反过来会变成乘法"

接下来，我们将进行分数除法运算。**大家可能在学校已经学习过将分数除法反过来变成乘法的技巧，许多人或许还将其作为口诀记忆，但在本书中，我们将深入探讨这一技巧背后的原理。**

为什么反过来会变成乘法呢？

我们同样换成其他数来思考。如果 A 每顿饭能吃 2 合大米，代入等式就是"$20 \div 2 = \frac{20}{2} = 10$（顿）"。

前文中，我们假设了 A 每顿饭吃 4 合大米的情况，已知当 A 的饭量减少到原来的一半，也就是 2 合时，家里的大米还能吃 5 顿的 2 倍，也就是 10 顿。

题目中 A 的饭量是 $\frac{4}{5}$ 合，就是用 5 去除 4。那么答案应该是 A 每顿饭吃 4 合大米时的 5 倍，这就是其中的道理。

鹤崎总结！

$$20 \div \underline{4} = \frac{20}{4} = 5 \qquad\qquad 20 \div \underline{4} = \frac{20}{4} = 5$$

↓用 2 除　　↓答案是原来的 2 倍　　　　↓用 5 除　　↓答案是原来的 5 倍

$$20 \div \underline{2} = \frac{20}{4} \times 2 = 10 \qquad 20 \div \frac{4}{5} = \frac{20}{4} \times 5 = 25$$

于是，结果相当于反过来变成了乘法。

虽然我没有介绍分数的乘法，不过 "$\frac{20}{4} \times 5$" 和 "$20 \times \frac{5}{4}$" 的结果相同。那么，这道题的答案就是 25 顿。如果每天 3 顿都吃米饭，就是能吃 8 天零 1 顿。

"反过来变成乘法" 还有一种更加简单的思考方式。

"如果 A 每顿饭吃 1 合大米，就能吃 20 顿" ➡ "每顿饭吃 2 合大米能吃 10 顿，答案变成了之前的 $\frac{1}{2}$" ➡ "那么节约一些，每顿吃 $\frac{4}{5}$ 合大米的话……答案就会变成原来的 $\frac{5}{4}$ 倍" ➡ "也就是 $20 \div \frac{4}{5} = 20 \times \frac{5}{4}$！"

像这样自由改变数来思考问题的方式，在解决多种问题时都可以用到。

第2步

习惯"比例"，
购物不再犹豫

小学生

思考"1 个单位"是多少

日常生活中经常用到的数学"武器"是"比例"，尤其是用符号"%"表示的百分比。**百分比是指将整体视为 100 个单位时，某一部分所占的单位数**。20% 是指当整体为 100 时占其中的 20，用分数表示是 $\frac{20}{100}$，用小数表示是 0.2。

购物时经常会用到百分比。比如，600 日元的商品降价 20% 是多少钱？对这种情况，我通常会像下面这样思考。

> "定价 600 日元的商品降价 20%" ➡ "也就是现在的价格是定价的 80%" ➡ "定价的 80% 相当于定价的 0.8 倍" ➡ "600 × 0.8＝480" ➡ "是 480 日元!"

当然，这么简单的问题肯定是小菜一碟，那么再来看看下面这道题吧。

❓ 题目

"来来来，好吃的草莓降价 20%，只卖 400 日元! 特价只在今天!"你经常在市场上听到这样的话术吧。虽然现在不需要，不过既然这么便宜，买上一点也未尝不可。那么草莓的原价是多少呢？

和前面的问题稍有不同，这次要求的是定价。

"降价 20% 后是 400 日元"，换句话说就是"某个数的 0.8 倍等于 400"，得出等式如下。

> □（某个数）× 0.8 = 400 ← 两边（"="两边）都除以 0.8
>
> □（某个数）= 400 ÷ 0.8

因为"0.8 ÷ 0.8 = 1"，所以左边（"="左边）只剩下了"某个数"，接下来只需计算 400 ÷ 0.8 即可，所以"某个数"是 500。由此可知，草莓原价是 500 日元，降价了 100 日元，这样到底算不算便宜，就要看大家的钱包里有多少钱了。

解决比例问题时，我推荐大家思考"1 个单位"是多少，这样能让稍微复杂的问题简单化。

下面请试着思考一下："定价的 21% 是 1029 日元的商品，定价是多少？"

鹤崎总结！

因为计算定价相当于求 100% 是多少……

<u>21%</u> 是 <u>1029</u> 日元

↓ 除以 7

<u>3%</u> 是 <u>147</u> 日元

↓ 再除以 3

<u>1%</u> 是 <u>49</u> 日元

↓ 知道了定价的 1% 是多少，只需再乘以 100

<u>100%</u> 就是 <u>4900</u> 日元 ← 得出定价！

百分比的 1 个单位是 $\frac{1}{100}$，所以只要知道了 1% 是多少，就能知道任何百分比的值。为了简单易懂，我在前文中进行了分阶段计算，其实直接用 1029 除以 21 也能得出 1% 对应的值。

"打折"同样如此，打折的 1 个单位是 $\frac{1}{10}$，可以先算出一折是多少钱。

定价打八折（降价20%）后为500日元，那么商品的定价是多少？

打**八**折是 500 日元

↓为了求出一折的价钱，先除以8

一折是 $\frac{500}{8}$ 日元 ←这就是"1个单位"

↓要求十折，只需再乘以10

十折是 $\frac{5000}{8}$ 日元 = 625 日元 ←得出定价！

不需要背诵"速度""时间""距离"的关系

速度 = 距离 ÷ 时间

时间 = 距离 ÷ 速度

距离 = 速度 × 时间

或许很多人会像这样将公式写下来，然后死记硬背，但其实更有必要了解的是运用这种关系的"心情"。

"速度"表示"单位时间内移动的距离",同样表示时间和距离的比例。时速是 1 小时移动的距离,分速是 1 分钟移动的距离,秒速是 1 秒移动的距离。

　　2 小时行驶 100 km 的车,用 100 km 除以 2 小时后能得出每小时行驶 50 km,所以车子的时速为 50 km。

 题目

时速为 48 km 的汽车行驶 60 km 需要花多少小时?

　　这是一道求"时间"的题目。因为 48 这个数不太好计算,所以我们先代入其他数来思考。在这种情况下,**关键是要理解"速度越快,花费的时间越少"这一原理**。

　　汽车以 60 km 的时速行驶 60 km,花费的时间当然是 1 小时。假设汽车的速度提高为原来的 2 倍,以时速 120 km 行驶 60 km,花费的时间会缩减为之前的一半,即 0.5 小时,大家能理解吗?只要理解了其中的关系,即便遇到不好计算的数也不需要犹豫,要明白"距离除以速度就可得到时间"这个道理。因此,这类题目可以按照下面的等式来计算。

$$60 \div 48 = ?$$

　　为谨慎起见,如果你对列出的等式存在疑问,只要能理解"时速 48 km 比时速 60 km 慢,所以花费的时间应该超过 1 小时",就无须纠结"究竟是 $\frac{48}{60}$ 还是 $\frac{60}{48}$",而是能够自信地回答:"60 ÷ 48 =

$$\frac{60}{48}(\,h\,)=\frac{5}{4}(\,h\,)=1.25(\,h\,)，需要花 1.25 小时。"$$

顺便一提，做"需要几小时几分走完全程"这类题目时，需要重新考虑 1.25 这个数字。

1.25 小时是 1 小时 +0.25 小时，而 0.25 小时相当于 $\frac{25}{100}$ 小时，

约分(用分母和分子除以同一个数)后为 $\frac{1}{4}$ 小时。

做到这里，大家应该明白了，1 小时有 60 分钟，60 分钟的 $\frac{1}{4}$ 是 15 分钟，所以 1.25 小时就是 1 小时 15 分钟。

这种基础练习很重要，用打篮球举例的话，就像是反复练习运球，所以可能不会是件轻松愉快的事。

但是和运动一样，要想提高水平，就要在不会厌烦的范围内，每天做题努力练习。

第3步

用"负数"做减法
绝对没问题

比"0"更小的数的诞生

在"第1步"中，我提到了"自然数在某些情况下无法进行减法和除法运算"。随着分数概念的引入，人们解决了"无法进行除法运算"的难题。现在，我想探讨一下减法的问题。

假设你渴望拥有一本书，其售价为500日元，但不幸的是，你本月的零用钱已经花光，你手头空空如也。因此，你向父母预支了下个月的500日元零用钱。那么，现在你总共拥有多少钱？

虽然从实际情况来看，回答"0日元"不能算错，但遗憾的是，你必须向父母偿还借款，所以你身上的钱数其实是小于0日元的。

或者以得分游戏为例，游戏中既有"+1000分"的奖励，也有"-300分"的惩罚，如果受到惩罚之后分数小于0会怎么样呢？

在这些情况下，人们逐渐意识到**"没有小于0的数会不方便"**。于是，与"正数"相对的新"武器"——"负数"应运而生。

如下图所示，人们用"-"（负号）表示比"0"小的数。于是，你真正拥有的钱数就可以用数表示了，是"-500日元"。

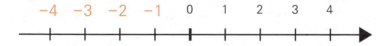

使用负数可以解决日常生活中的许多不便，而在数学领域中，一直也存在着**"有时候做不了减法会很麻烦"**的问题，比如"2-5＝？"的情况。

不过，现在大家已经了解了负数，自然也就知道答案了，对吧？没错，答案是 −3。

就结论而言，**重要的是认识到"负数让减法运算绝对成立"**。当然，我不知道大家在学校里有没有学过"负数让减法运算绝对成立"的说法，但千万不要因为我这样说了就囫囵吞枣地接受，那样就跟死记硬背公式没什么区别了。

我们可以进一步思考：

"正数之间的减法运算感觉可以成立，可是牵扯到负数的减法运算能保证'绝对成立'吗？"

"另外，即使减法运算绝对成立，如果负数做不了加法、乘法和除法，那还有什么存在的意义吗？"

如果你能迅速想到这些，说明你很会把数学当成数学本身来享受，已经具备数学思维天赋了。

总而言之，接下来就会出现"3−（−2）=？""5×（−3）=？""−6÷5=？"这类问题了。

让我们在"第4步"和"第5步"中继续思考这些问题吧。

数的种类

到这里，我们已经认识的数的种类有"自然数""小数""无限小数""分数""正数""负数"。一般情况下，我们在日常生活中接触的数多是"实数"，以上这些数也都是实数。高中数学还会涉及不是实数的数，不过本书的内容只限实数。

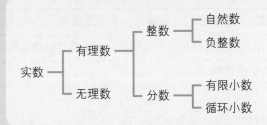

实数可以分为"有理数"和"无理数"。关于"无理数"，大家暂且可以理解为一部分"无限小数"。

有理数可以分为"整数"和"（非整数）分数"。

分数（用小数来看）可以分为"有限小数"和"循环小数"，不过此处不作说明。

整数可以分为"自然数"和"负整数"，自然数又可分为"正整数"和"0"。

● 正整数有 2、45、5332 等；正数有 5、3.276、$\frac{5}{46}$ 等。
● 负整数有 −6、−802 等；负数有 −22、−0.57、$-\frac{43}{11}$ 等。

各个种类都有类似上面这样的数表示。

理解"减去负数"

小学生、初中生

负数的加法和减法真的"不会出问题"吗

在"第3步"中，我提到了"负数让减法运算绝对成立"。不仅如此，课本上也告诉大家"这样不会出问题"。

然而，**独立思考的态度非常重要，大家需要自己思考"这是否真的正确"**。因为只有自己确认过的知识，才能更放心地运用，同时还能加深对知识的理解。

大家应该都能理解，负数的加法不会出问题，它是必然成立的。以"$3+(-2)=1$"为例，假如你手上有3日元，加上-2日元后只剩下1日元。**在加法中，交换"+"两边的数的位置，结果不变**，因此"$-2+3=1$"同样成立。

那么减法呢？"$-1-7=-8$"似乎没有问题。相当于你找银行先借了1日元，又借了7日元，总共欠银行8日元，即-8日元。

需要稍微思考一下的是"$3-(-2)=$？"这种情况。

"-7相当于拿走7日元" ➡ "那么拿走（减去）-2日元，相当于失去-2日元" ➡ "意思就是向银行归还2日元的借款！"

带着这样的"心情"，就能理解"$3-(-2)=3+2=5$"的意思了。

就算你已经通过死记硬背的方式记住了"负负得正"，也请尝试思考其中的原理。

如果不能理解上述解释，还有其他思考方式。

$3 - 2 = 1$ ➡ $3 - \underline{1} = 2$ ➡ $3 - \underline{0} = 3$

➡ $3 - (\underline{-1}) = 4$ ➡ $3 - (\underline{-2}) = 5$

减数（"−"右边的数）减1，答案就会增加1？

这是一种非常简单的思考方式，另外，"图示"（即画示意图）同样是常用的思考方式。

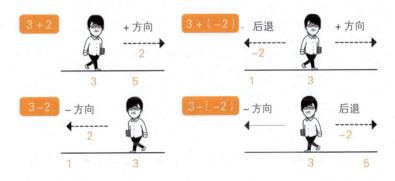

$3-(-2)$就像迈克尔·杰克逊的太空步，是向 + 方向后退的计算。

逐一确认哪些情况会出问题有什么意义

对于已经理解负数的人而言，前面的分析或许有些无聊。那么，我来举一个不成立的例子，就是很多人都觉得棘手的**最大公因数**问题。

有这样一道题:"6 和 8 的最大公因数是多少?"因为这与负数无关,这里我就省略解题过程,这道题是求**能同时整除这两个数的最大数**,答案是 2。

学过最大公因数的人可以回忆一下课堂或课本内容,最大公因数好像理所当然是整数之间的问题。那么,大家有没有思考过"小数和分数的最大公因数"呢?

鹤崎总结!

○和△的最大公因数

$○ ÷ \underline{△} = ☆$ $□ ÷ \underline{△} = ♡$ ← △的最大值是最大公因数

那么,如果○和□是分数……

$\dfrac{1}{2} ÷ \underline{1000} = \dfrac{1}{2000}$ $\dfrac{1}{3} ÷ \underline{1000} = \dfrac{1}{3000}$

因为满足条件的△有无数个,所以小数和分数没有最大公因数!

也就是说,**求最大公因数的前提条件是△,☆,♡都是整数**,所以这当然是整数之间的问题。然而,我认为很少有人会去确认这一点。

像这样理解了不成立的情况,就可以避免错误地将公式应用于不适用的情况。实际上,大家在使用公式时,很容易想当然地认为公式肯定成立。

例如,"序章"中提到的勾股定理"$a^2 + b^2 = c^2$",它的成立条件是平面上的直角三角形,如果直角三角形位于球面上则不成立。无视不成立的情况勉强解题,就会得出错误的结果。

重要的是仔细确认手中"武器"的用法,把每一个武器真正化为己用。

乘法和除法也能使用负数

小学生、初中生

验证"负数的乘法"

下面再接着"第4步"的内容，继续验证负数的乘法和除法是否成立。如果只能用在加法和减法中，那么负数作为"武器"未免太弱。

首先是"$-5 × 2 = -10$"，这个等式应该很好理解，相当于借了5日元的2倍。

那么"$5 × (-2) = ?$"呢？相当于计算"5的-2倍是多少"。

---

① 理解"交换因数的位置后结果不变"

在正数的乘法运算中，"$3 × 5$"和"$5 × 3$"都是15
那么"$5 × (-2)$"和"$(-2) × 5$"同样都是 -10

② 理解整合性

$$5 × 2 = 10 \quad\Rightarrow\quad 5 × 1 = 5 \quad\Rightarrow\quad 5 × 0 = 0$$

乘数（"×"后面的数）每减去1，答案就会减5，因此

$$5 × (-1) = -5 \quad\Rightarrow\quad 5 × (-2) = -10$$

③ 图示

$5 × 2$是2个5日元硬币……

$5 × (-2)$就是一次取走2个5日元硬币！

取走

因此是 -10

如果到这里大家都能够理解，下面就来看看"$-5 \times (-2) = ?$"。在这种情况下，由于两个数都是负数，看起来交换左右两个因数的位置也并不能直接得出结果。

---

① 理解整合性

$$-5 \times 2 = -10 \quad \Rightarrow \quad -5 \times 1 = -5 \quad \Rightarrow \quad -5 \times 0 = 0$$

$$\Rightarrow \quad -5 \times (-1) = 5 \quad \Rightarrow \quad -5 \times (-2) = 10$$

乘数每减去1，答案就增加5

② "取走"理论（图示）

$5 \times (-2)$ 就是一次取走
2个5日元硬币……

$-5 \times (-2)$ 就是一次
将2个5日元硬币的借
款一笔勾销！

取走

相当于得
到10日元

③ 用算式说明

把 -2 看成 $(0-2)$ 利用"乘法分配律"（※1）

$$-5 \times (0-2)$$

$$= -5 \times 0 - (-5) \times 2$$

↓先算乘法

$$= 0 - (-10)$$

$$= 10$$

> ※1 乘法分配律 $a \times (b+c) = a \times b + a \times c$
> 虽然本书不会对此进行详细说明，但乘法分配律是
> 常用的运算定律，还没有学过的人请自己查一查。另
> 外，还可以省略乘号，表示为 "$a(b+c) = ab + ac$"，
> 后文中也会出现省略乘号的情况。

▶ 乘法与除法的关系

从简单的解释到用算式说明，我们尝试了各种各样的思考方法，

验证了课本上"加入负数的乘法依然成立"的说法没有问题，大家可以放心使用了。

接下来是除法，在"第 1 步"中，我们思考"分数的除法为什么反过来会变成乘法"时，其实已经看到了除法和乘法的密切关系。

简单来说，"$\div \frac{4}{5}$"相当于"$\times \frac{5}{4}$"，所以"$\div 2$"相当于"$\times \frac{1}{2}$"，"$\div \frac{1}{3}$"相当于"$\times 3$"。也就是说，大家应该能够想象到，**只要乘法成立，那么除法同样成立**。

换句话说，要思考"$6 \div (-2) = ?$"这种加入负数的除法运算是否成立，只需把它看作在求乘以 -2 之后得 6 的数即可。

感觉有些难以理解？如果用算式说明，就相当于求"$\square \times (-2) = 6$"中□代表的数是多少。

前面大家已经学过了负数的乘法，自然就能算出答案是"-3"。既然乘法成立，那么负数的除法"$\div (-2)$"同样可以说是"$\times (-\frac{1}{2})$"，那么"$6 \div (-2) = ?$"相当于"$6 \times (-\frac{1}{2}) = -3$"，计算成立。

用这种思考方式，我们再来看看**被除数（"÷"左边的数）**是负数的情况是否同样成立。

"$-6 \div 2 = ?$"求的是"与 2 相乘后得 -6 的数"，因此答案是"-3"。

"$-6 \div (-2) = ?$"求的是"与 -2 相乘后得 -6 的数"，因此答案是"3"。

由于正确答案只有一个，因此可以证明被除数是负数时，除法依然成立。

　　或许大家会问，在学校学到的理所当然成立的运算，为什么要特意去验证呢？因为只有通过自己的思考，**能够将原理解释清楚，才能在各种不同的情境中灵活运用所学知识**。

　　另外，**数学学习是一个层层积累的过程，当下学习的内容能够为后续解决问题提供保障**。说得具体些，比如证明负数可以进行四则运算，就能证明本书中将会出现的如 "$-2x=-10$" 这类的 "一元一次方程" 问题有解。

"0"为什么不能做除数

"○ ÷ □ = ?"求的是"与□相乘后得○的数"。考虑到乘法与除法的关系，就能看到"0"做除数的含义。

$$6 \div 0 = \text{☆}$$

⬇ 求与 0 相乘后得 6 的数

$$\text{☆} \times 0 = 6$$

尽管这只是随便举的例子，但我们也能从中发现，根本不存在能够代入☆的数。因为任何数与 0 相乘后都得 0，所以当然无法得到 6。无论被除数是多少都绝对不成立，因此 0 不能做除数。

那么 0 除以 0 如何呢？

$$0 \div 0 = \heartsuit$$

⬇ 求与 0 相乘后得 0 的数

$$\heartsuit \times 0 = 0$$

这次并非没有能够代入♡的数，而是"任何数都可以"，因为任何数与 0 相乘都得 0。也就是说，**"0÷0= ?"的答案是"所有数"**，同样很奇怪。

因此，所有数都不能被"0"除。

第6步

看似能测却测不了？
了解"平方根"的含义

探索分数之"间"

大家已经掌握了"自然数""分数"和"负数"，能够完成所有四则运算，日常生活几乎不会有困扰。

然而，数还在进化。接下来是初中生会学到的，用$\sqrt{}$（根号）表示的"平方根"。

下图所示为"数轴"，因为数有大小之分，所以能够排列在直线上。

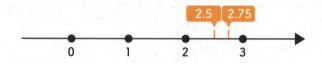

有没有比2大比3小的数呢？如果是小数，比如2.5、2.75等，在数轴上有很多。

有没有比2大比2.5小的数呢？同样能够举出很多例子，如2.25、2.4782367等。

分数同样可以举出很多类似的例子。

 题目

① 比$\frac{1}{3}$大、比$\frac{2}{3}$小的数是多少？

② 比$\frac{293}{325}$大、比$\frac{294}{325}$小的数是多少？

对于题目①，如果想象一个圆形比萨，应该可以想到"因为一

半比萨比 $\frac{1}{3}$ 大、比 $\frac{2}{3}$ 小，所以 $\frac{1}{2}$ 符合条件"。

那么题目②如何呢？虽然没办法立刻得出答案，但是能够想象"这类不太容易计算的分数之间应该也有数"。

实际上，对于这类问题有个更简单的解题思路。

鹤崎总结！

比 $\frac{293}{325}$ 大、比 $\frac{294}{325}$ 小的数是多少？

↓ 将各自的分子、分母同时扩大到原来的10倍

比 $\frac{2930}{3250}$ 大、比 $\frac{2940}{3250}$ 小的数是多少？

这样是不是立刻就清楚了？例如中间的 $\frac{2935}{3250}$ 就符合条件。这是做了什么操作得出的呢？**只是做了约分的逆运算而已。**

谨慎起见，我要说明一下，分子、分母同时扩大到原来的10倍，数的大小不变。我想大家应该明白 $\frac{1}{2}$ 和 $\frac{10}{20}$ 一样大，所以即便与题目中数的分母不同，$\frac{2935}{3250}$ 也是题目②的正确答案。

题目①同样可以采取这种解法。也就是说，即使两个数的分母不同，同样可以采用这种方法来解。这种情况下，首先要进行"**通分**"（统一分母）。

举例来说，题目是求"比 $\frac{1}{2}$ 大、比 $\frac{2}{3}$ 小的数"，通分后就变成了

"比 $\frac{3}{6}$ 大、比 $\frac{4}{6}$ 小的数"。分母为 2 时乘以 3，分母为 3 时乘以 2，都能得到 6，然后分子也分别乘以相同的数即可。

接下来，分子、分母同时扩大到原来的 10 倍，就变成了"比 $\frac{30}{60}$ 大、比 $\frac{40}{60}$ 小的数"，这样是不是立刻就清楚了？处于中间的 $\frac{35}{60}$ 就是其中一个答案，约分后还可以得到 $\frac{7}{12}$ 这个答案。

虽然有点像头脑体操，不过按照这个思路思考下去，就会触及一个很重要的知识点——**"两个分数之间的数有无数个"**。

放在前文提到的数轴上来看，任意两个数之间都挤满了数，任意两个分数之间也都密密麻麻地挤满了数。

遇到无法用分数表示的数

 题目

假设有一个边长为 1 m 的正方形。
求正方形的对角线为多长。

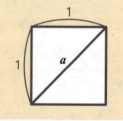

假设**对角线(连接多边形不相邻顶点的线)**的长度为 a。其实用勾股定理可以轻松列出等式，不过这里我们试着不使用勾股定理来思考。

首先，想象一个边长为 2 m 的正方形。

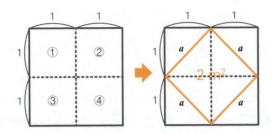

正方形和长方形的面积可以用 **"长 × 宽"** 求出（具体内容将在 "第 4 章 图形之路" 中介绍），由此可知像左图那样边长为 2 m 的正方形的面积为 "$2 × 2 = 4(m^2)$"，正好相当于 4 个题目中边长为 1 m 的正方形。

接下来，如右图所示画线，画出以对角线 a 为边长的正方形。这个正方形相当于 4 个边长为 1 m 的正方形的一半，因此面积为 4 m^2 的一半，即 2 m^2。

列出等式如下。

$$a × a = 2(m^2)$$

相当于 "两个相同的数相乘得 2，求这个数是多少"，这道题看起来好像很简单，但仔细一想就会发现，即使动用我们手中的所有 "武器" 也解不出来。大家都用 "九九乘法表" 记住了自然数的乘法，但在其中根本找不到这样的数，对吧？

那么，能不能用分数和负数来表示呢？无论如何尝试，代入任何看似成立的数，结果都不符合条件。

这就是 **"对角线的长度 a 明明存在，看起来可以测出，却很难用数表示"** 的 **"心情"**。像之前一样，遇到困难时就只能扩大数的范围了！

于是数学的世界中诞生出了平方根，用 $\sqrt{x}$ 表示平方值为 x 的数。

因为题目是"求平方值为 2 的数"，所以答案就是"$a = \sqrt{2}\,\mathrm{m}$"。

平方根是怎样的一种数呢？就像前文尝试过的那样，两个数之间存在无数个数。而平方根就是无法用**分数表示，但依然存在于数轴上的数**。

"$a \times a = 2$" 时 "$a = \pm\sqrt{2}$"　　　"$a \times a = 3$" 时 "$a = \pm\sqrt{3}$"

"$a \times a = 4$" 时 "$a = \pm\sqrt{4}$"？　　　"$a \times a = 5$" 时 "$a = \pm\sqrt{5}$"

上面这几个例子都是平方根的表示方法，需要注意的是，两个负数相乘同样能得到正数，因此如果不是像题目中那样求长度的情况（因为不存在小于 0 的长度），a 通常应该有正负两种情况。

另外还要注意的一点是，"$a = \pm\sqrt{4}$"这种情况可以不用平方根表示。因为 2 和 -2 的平方是 4，所以不需要强行使用 $\sqrt{}$，用"$a = \pm2$"反而更容易理解。

专栏

什么是"平方"

平方根中的"平方"在数学中的意思是"两个相同的数相乘"，也叫作"二次方"，所以平方根也叫作"二次方根"。

三个相同的数相乘叫作"立方"，也叫"三次方"，立方根用 $\sqrt[3]{}$ 表示。以此类推，四个相同的数相乘同样如此。

另外，二次方可以写成 a^2，三次方可以写成 a^3。

因此"$a \times a$"和"a^2"都表示两个 a 相乘。

了解并掌握数是一切的起点

初中生、高中生

"无理数"是什么样的数

在"第6步"中，我们提到了一个新的"武器"——平方根，它存在于数轴上，却不能用分数表示。

在思考"$a \times a = 2$"的情况时，我提到"任何看似成立的数都不符合条件"，不过我更希望大家亲自代入数去验证这个结论，因为这样才能更加深入地理解"平方根是怎样的一种数"。

以 $\sqrt{2}$ 为例，它表示一个自乘之后为 2 的数。考虑到"$1 \times 1 = 1$""$2 \times 2 = 4$"，可以想到"$\sqrt{2}$ 处于 1 和 2 之间"。

那么取 1 和 2 中间的 1.5，用两个 1.5 相乘，"$1.5 \times 1.5 = 2.25$"，结果大于 2。那比 1.5 小的 1.4 呢？"$1.4 \times 1.4 = 1.96$"，结果小于 2。由此可知，$\sqrt{2}$ 处于 1.4 和 1.5 之间。另外，因为两个 1.4 相乘的结果比两个 1.5 相乘的结果更接近 2，所以可以选择比 1.4 稍大一点的数再试一下。

"$1.41 \times 1.41 = ?$"答案是 1.9881，已经可以说"几乎等于 2"了，但还不是 2。结论就是逐一尝试后依然得不到 2，需要无限尝试下去。

$$\sqrt{2} = 1.41421356\cdots \qquad \sqrt{3} = 1.73205080\cdots$$

因为小数点后无限延续且数字无规律的情况基本上无法写成分

数，所以平方根无法用分数表示。虽然写起来很麻烦，但 1.414…确实处于 1 和 2 之间，所以 $\sqrt{2}$ 存在于数轴上。

实际上，在第 29 页的专栏里已经简单提到，"实数"可以分为"有理数"和"无理数"，无理数为"一部分无限小数"，像 $\sqrt{2}$、$\sqrt{3}$ 等就属于这部分。

而且这部分无限小数有一个专业且复杂的说法，叫作"无限不循环小数"。从 $\sqrt{2}$ 和 $\sqrt{3}$ 就可以看出，小数点后的数字无规律且一直延续，这就是"不循环"的含义。

另外，同样是在这个专栏中，提到了有理数中的"分数"可以分为"有限小数"和"循环小数"。有限小数如字面意义所示，不是无限小数。例如，有限小数 0.05 可以用分数表示成 $\frac{5}{100} = \frac{1}{20}$。

麻烦的是循环小数，我尽量简单地给大家解释一下。它和不循环小数不同，是有循环节的小数。例如，第 18 页提到的 "3÷9=0.333333…" 中的 0.333333…或者 1.5423423423…中的 "423" 就在无限重复，循环小数指的是像这样有规律的无限小数。尽管有规律，但循环小数依然是无限小数。

大家或许会产生疑问："所有无限小数都不能写成分数，都是无理数吗？"这是个比较复杂的问题，因为它偏离了本书讨论的话题，所以我只说结论——无限循环小数可以用分数表示，所以属于有理数。只要上网搜索一下，就能找到很多精彩的解释，请大家一定要查一查。

复习数的扩充历程

原本，我们应该像学习负数时那样，在得到新的数之后先验证它在四则运算中是否成立，这样才能放心，但在本书中不会进行这样的操作。虽然引入天才般的思维方式是很有趣的，但这是理科大学生才会学习的内容，寥寥几页是讲不清楚的。

通过本章"数之路"，我想要传达给大家两点内容。

鹤崎总结！

①新的数不是凭空创造的，而是基于需求被创造出来的。
②新的数有新的性质和规则。

基本上大家会从学校学到②，我希望大家不要不求甚解地接受，有时候自己亲自去探究新的性质和规则是很重要的，这一点我们已经在学习负数时体验过了。

最后，我们再来回顾一下数的扩充历程。

首先，我们会在小学学到"自然数""小数""分数"。

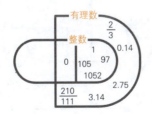

然后，我们学习了"负数"，这使得数轴左侧扩充了数的范围。进入初中后，我们又会掌握平方根这样的无理数，数的范围进

一步扩大。

顺便一提，在数学课上学到的圆周率"3.14"只是它的近似值，圆周率实际上是无限不循环小数，所以是无理数，一般用希腊字母 π 表示。

无理数有无穷多个，其中平方根和圆周率是无理数的代表。

下图中的所有数都是数轴上的"实数"。

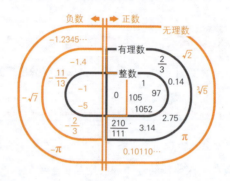

另外，高中数学还会引入"复数"这一概念。

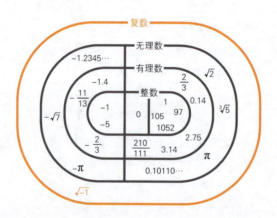

复数表示包含不属于实数的"虚数"部分的数，虚数是"平方

为负的数"。那么实数中不存在这样的数吗？在实数中，正数相乘一定为正，负数相乘同样为正。

我来简单说一下虚数是怎样的数，它不是实数，不在数轴上，而是用平面表示。

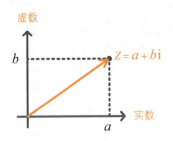

复数有一个很好的性质，进入大学后能更深刻地感受到这一点。如果你想要了解其具体内容，请务必"预习"高中数学！

掌握了负数，就能基本满足日常生活中的需求了。如果连"复数"都能成为你的"武器"，你就能获得足以开创全新人生的数学能力。

有人认为数是数学领域中的"词"，确实如此，只要理解数的性质，遵循正确的规则，就能像遣词造句一样进行运算。

我也理解大家认为数的性质和规则复杂又抽象，想要放弃的心情，但反过来说，只要了解了性质和规则的"心情"和有趣之处，克制想要放弃的心情，就会发现数是最简单的东西。

举例来说，能将第40页的题目总结成等式"$a \times a = a^2 = 2$"就是非常了不起的事。能够列出等式却解不出的问题，不仅存在于数学这门学科中，在其他学科中也大量存在。

　　不过，当时你之所以无法解决，只是因为不知道平方根这个"词"而已。只要你知道了平方根，无论你年龄多大，都能马上解开这道题。

　　也就是说，**即便不了解数也有可能列出等式，了解的数越多，能够求解的题目越多**。

　　因此，首先要了解并掌握数，这对今后走上其他"道路"大有裨益。

第2章

方程之路

第一步

解方程的目的是求"未知数"

小学生、初中生

现实中的"未知数"是什么

实际上，我们已经提到过最简单的方程，如第 23 页的"□（某个数）× 0.8＝400"和第 35 页的"□ ×（－2）＝6"。像这样"含有未知数□的等式"就是方程，因此求**"未知数"可以说是方程最朴素的存在理由**。

数本来就是为了计数和测量而存在的，日常生活中充满了想要求出数量的情况，其中需要求出的数量就是"未知数"。

例如，"我手里的钱能买多少瓶 120 日元的果汁"就是随时可能遇到的问题，另外还有"我想坐火箭去月球，应该以什么样的角度发射火箭"之类比较复杂的"未知数"问题。

总而言之，因为生活中有很多情况会让我们产生想要找出"未知数"的"心情"，所以用在这种时候的"武器"——方程就应运而生了。

接下来，我们尽量结合实际问题来谈一谈方程。

 题目

转校生小 A 第一天上学时选择了步行，途中小 A 感觉自己要迟到了，于是开始跑步，最终总算是没有迟到。妈妈听说了这件事，心想明天得想个办法让小 A 不用再跑步上学。

大家或许会怀疑这不是一道题，但**实际问题就是这种很难判断它是不是数学问题**，也很难立刻找出对应解题方法的问题。

1　　　2　　　3　　　4　　　5

那么如果大家是小 A 的妈妈，会怎么做呢？没错，想要让小 A 即使步行也不迟到，当然就要知道小 A 的步行速度，对吧？

不过，在这个问题里可不仅如此，现阶段总共有 4 个"未知数"。

① 小 A 的步行速度

② 小 A 的跑步速度

③ 小 A 上学花费的时间

④ 小 A 的家和学校之间的距离

只要问过小 A 基本上就能知道③。小 A 要在 8 点 30 分到校，她提前 20 分钟出门，因为要迟到了，于是跑了 5 分钟，同时可知她走路的时间是 15 分钟。

④则可以查到。现在有方便的地图应用软件，妈妈查过后知道了距离为 1500 m。

那么实际上未知的就是①和②，这两个数无论是询问小 A 还是自己调查，都无法立刻得到。因为①是未知数，所以设小 A 的步行速度为"x(m/min)"。

接着是②跑步速度，因为同样是未知数，原本应该代入 x 以外的字母(同样可以得出答案)，不过这次我们只是大概地思考一下，所以暂且设为与步行速度对比后的速度。因为小 A 本人说是快跑，所以设为步行速度的 2 倍，于是小 A 的跑步速度为"2 × x(m/min)"。

根据距离列出等式……

$15(\mathrm{min}) \times x\,(\mathrm{m/min}) + 5(\mathrm{min}) \times 2 \times x\,(\mathrm{m/min}) = 1500(\mathrm{m})$

$15x + 10x = 1500$ ◀ 整理等式

$25x = 1500$ ◀ $15x + 10x = 25x$

$x = 60(\mathrm{m/min})$ ◀ 两边分别除以25

得出小 A 的步行速度大约为 60 m/min，所以用家和学校之间的距离 1500 m 除以 60 m/min，可以得到步行时间，计算可得大约为 25 分钟。

根据这项结果，可以从明天开始提前 30 分钟出门，或者如果觉得每天走路太辛苦，也可以改坐公交车上学。妈妈的选择增加了，也就解决了她想避免小 A 迟到的问题。

解方程的基本步骤

如果在考试中遇到这样的题目，大家或许会觉得很荒唐。实际上，在一般的应用题中，通常会给出"假设小 A 的跑步速度为步行速度的 2 倍"之类的提示。

我之所以特意给出这么奇怪的题目，是为了强调解方程的"心情"就是"求未知数"。我通过以下步骤解出了这道题。

鹤崎总结！

A. 整理信息　　　B. 找出能立刻得到的数和未知数

C. 用字母表示未知数　　　D. 列等式　　　E. 计算

这就是解方程的基本步骤，在"第 1 步"中，我希望大家能够掌握 A～C，也就是**明白实际问题中既有能立刻得到的数，也有速度等无法简单得出的数**。举例来说，大家知道用来熟悉方程的"鸡兔同笼"问题吗？

 题目

> 有鸡和兔子共 5 只，脚的数量一共有 12 只。请问鸡和兔子分别有几只？

这道题的解法有很多种，思考不同的解法也很有趣，不过我更在意的是题目中的反常识之处。例如，"为什么要数脚的数量？""既然知道鸡和兔子共有 5 只，那么分别数一数不就知道各有几只了吗？"

实际生活中，很难想象会有人用方程来解决这个问题，所以我才特意选择了速度这种无法简单得出结果的问题来作为方程的示例。

专栏

方程的计算规则

计算中有很多方便的规则，第 34 页提到的"乘法分配律"就是其中之一。不过，如果要介绍所有规则那就需要占用太长篇幅，所以本书中只会提及阅读本书所需的规则。

在小 A 的题目中，如果不理解为什么"$15 \times x + 5 \times 2 \times x$"能得到"$25x$"，就会被卡在这一步。

这里使用了"合并同类项"规则，我不希望大家在这种地方受阻，所以请通过大量练习掌握这项规则吧。

第 2 步 列方程与解方程不同

小学生、初中生、高中生

▶ 列出方程很重要

❓ 题目

某国人口为 5000 万人，每年以 1% 的速度增长。专家预测该国的资源最多能够养活 1 亿人，那么如果人口保持匀速增长，该国将在多少年后达到极限？

我们先来整理这道题中的信息，列出等式。

换个说法可以看出，这道题要求的其实是"该国的人口将在多少年后达到 1 亿人"。因为超过 1 亿人就麻烦了，所以要知道具体时间。

另外，由于"多少年后"是对未来的预测，因此不管怎么调查，这都是个未知数，我们可以将其设为"x 年后"。

相反，已知的数有"现在的人口为 5000 万人"以及"人口每年以 1% 的速度增长"。

那么1年后的人口是多少？

5000（万人）× 1.01（增长1%）
＝5050（万人）

2年后的人口是多少？

5000（万人）× 1.01 × 1.01（2次增长1%）
＝5000 × 1.01²
＝5100.5（万人）

---

5 年后的人口是多少？

5000（万人）× 1.01 × 1.01 × 1.01 × 1.01 × 1.01（5次增长1%）

= 5000 × 1.01^5

≈ 5255（万人）

已知"计算○年后的人口只需要乘以○次1.01"，

那么 x 年后人口达到1亿……

5000（万人）× 1.01^x = 10000（万人）

实际动手尝试就会发现，虽然需要注意单位，但毫无疑问，"5000 × 1.01^x = 10000"用等式呈现了题目的内容，只要代入合适的"未知数 x"，就能得到答案，因此可以称为方程。大家能解出答案来吗？

结论是只有用高中数学学到的"指数和对数"这项"武器"才能解题。

大家或许认为我又出了一道荒唐的题目，但**重要的是"即便解不开，也能列出等式"**。即便是小学生，至少也可以理解列出等式的过程。在不远的未来，大家绝对能毫不费力地列出等式，将这道题转化为纯粹的数学问题。

能否解开方程与能否列出方程完全是两回事。也就是说，解法需要用到今后在"方程之路"上学习到的"武器"，完全不需要现在就想出来。和第 48 页的"只是不知道平方根而已"一样，只要在之后认真学习，自然就能知道解法。

列出的等式是一元一次方程

我们再来做一个类似的练习。

题目

某种资源在地球上只剩下 1000 t，现在全世界每年会消耗 50 t，再这样下去的话，这种资源会在多少年后枯竭？

因为"1000 ÷ 50 = 20"，所以很擅长算术的人大概立刻就能答出"20 年后枯竭"。

不过，既然是方程练习，那就试着换个方法列出等式吧。由于"未知数"是资源消失前的年数，因此设为 **"x 年"**。

每年消耗 50 t，那么 **"x 年后"** 总消耗量会达到 1000 t，于是资源枯竭，因此根据使用量可以列出右侧的等式。

$$50x = 1000$$

解这个方程就会知道 x 是多少。50 与多少相乘能得到 1000 呢？答案是 **"x = 20"**。

此前出现的"□ × (−2) = 6""25x = 1000""50x = 1000"之类的等式都是"一元一次方程"，是我们最早学到的方程。**一元一次方程只包含"未知数 x"的若干倍和"常数"**（已知的数、不变的数），所以下面这两个方程也是一元一次方程。

之所以最先学习一元一次方程，是因为它的求解最为简单。在实际运用数学时，如果发现**可以列出一元一次方程的情况**，请大家一定要珍惜。这是因为就像前

$$50x + 300 = 1500$$

$$6x + 24 = 4x + 80$$

文突然出现高中数学的内容那样，我们在现实中遇到的问题不一定会根据难易程度按顺序出现。

第3步

用"天平的心情"来解一元一次方程

平衡时可以随意调整

前两步内容主要围绕的是列方程，接下来终于要介绍解方程的"武器"了。这次，我们将找到能解任意一元一次方程的方法。虽然我说过"武器"是基础，但在这里，我要说的是使用它的"心情"和方法。

> **？ 题目**
>
> ① $50x = 1000$
>
> ② $6x + 24 = 4x + 80$

以上是"第2步"中出现过的题目。

①表示"50 和多少相乘能得到 1000"，将等式两边都除以 50，就会得到能直接表示**未知数 x** 的等式 "$x = 1000 \div 50$"，这样就能解出 "$x = 20$"。

这是怎么回事呢？$50x$ 表示 x 的"若干倍"，其中的"50"这部分被称为"系数"，这里就是将这个系数除以 50 使其变成 1，因为"$50 \div 50 = 1$"，所以得到了"$x =$"的形式。

题①虽然可以这样解，但由于题②的等式形式不同，想用同样的方法解它是行不通的。

那么该怎么做呢？我牢记母亲教过的"天平的心情"，将②变成如下页图所示的形式。

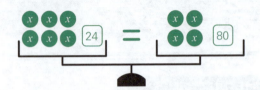

"="（等号）是表示其左右两边相等的符号。如果把等号看作天平，就需要有 **"天平左右必须始终保持平衡"** 的 **"心情"**，而且可以说只要能保证这一点，就可以 **"随意调整"**。

所以，可以从等式两边减去相同的量。即使等式两边减去相同的量，如 4 个 x，天平依然保持平衡。

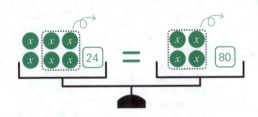

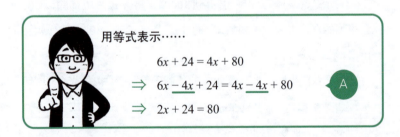

用等式表示……

$$6x + 24 = 4x + 80$$
$$\Rightarrow 6x - 4x + 24 = 4x - 4x + 80 \quad \text{Ⓐ}$$
$$\Rightarrow 2x + 24 = 80$$

顺便一提，如果你已经在学校学过 **"移项"**，或许会想起老师教过的 "右边的 '$4x$' 移到左边后会变成 '$-4x$'"。这是因为等式 A 中结果为 0 的 "$4x-4x$" 被省略了，看起来就像把右边的 "$4x$" 变成 "$-4x$" 移到了左边，但正确的写法应该是像等式 A 那样。

用天平作比喻的最终目的是什么呢？是让天平一边只剩下 x，

另一边只剩下常数，因为与 **"未知数 x"** 相等的数就是未知数 x 的数值。

以此为目标，还能继续操作，对吗？没错，可以从等式两边同时减去 24，于是得到 **"$2x=56$"**，这就和题目①的等式形式相同了。

从天平的角度思考，将天平两边的量各减一半，就能在保持平衡的情况下求出 x。

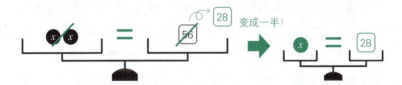

于是我们得出 **"$x=28$"**，至于这个答案是否正确，只要代入原来的等式中试一试就知道了。"$6 \times 28 + 24 = 4 \times 28 + 80$"，两边都等于 192，所以等式中的天平同样平衡。

解这道题时，常见的错误是在做到 **"$2x+24=80$"** 这一步时，因为想尽快得出 x，就在这里将两边减半，得到 **"$x+24=40$"**。但如果没有将 24 也减半，天平就无法保持平衡。

至此，我们已经完全掌握了一元一次方程的解法。

可以说，只要能把问题转化为一元一次方程，你就已经胜利了！

对于一元一次方程，只要保持天平平衡，就可以随意调整，所以加减乘除都可以用上。

说句题外话，现在再来做小学数学的应用题就会发现，五六成的题目能用一元一次方程来解。

除了使用未知数 x，小学数学中更多是用其他思路来解题，**不过只要获得"武器"，面对一道题时就能有多种解决方式**，也就是说能使用多种不同的解法，就像扩充了数的种类之后，能做的事情也增多了一样。

▶ 绝对能解一元一次方程的"特效药"

下面是绝对能解出一元一次方程的"特效药"，如果理解了前面所讲的内容，就不需要死记硬背。它**不是在特定场合使用的公式和定理，而是机械性地解一元一次方程的方法，所以我特意使用了"特效药"这种说法。**

另外，有编程经验的人应该能明白，这种**"特效药"还可以换个说法，叫作"算法"**，它能够让计算机按照固定的方法进行计算。

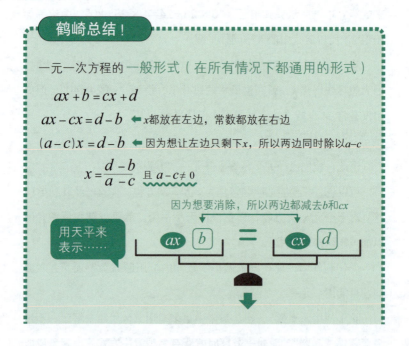

鹤崎总结！

一元一次方程的一般形式（在所有情况下都通用的形式）

$$ax + b = cx + d$$

$$ax - cx = d - b$$ ← x都放在左边，常数都放在右边

$$(a-c)x = d - b$$ ← 因为想让左边只剩下x，所以两边同时除以$a-c$

$$x = \frac{d-b}{a-c}$$ 且 $a - c \neq 0$

因为想要消除，所以两边都减去b和cx

用天平来表示……

ax b ＝ cx d

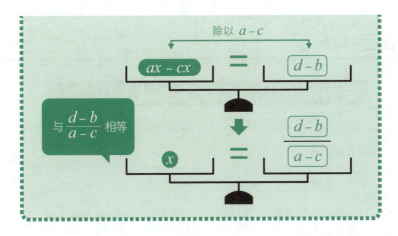

需要注意的是，"**a−c**"不能为 0，因为如果为 0，x 就不存在。

试着将题目②"6x+24=4x+80"代入看看。

在这道题目中，因为 a=6, b=24, c=4, d=80

代入 $x = \dfrac{d-b}{a-c}$

$x = \dfrac{80-24}{6-4}$　← 做减法

$= \dfrac{56}{2}$　← 约分

$= 28$

和正确答案一致。

大家或许会想"题目①里没有 b 和 c 呀"，确实没有，那就试着

代入 0 看看，这样就能简单地得到"$\dfrac{1000}{50}=20$"。

第4步

方程不只有一个，发现"方程组"

在"鸡兔同笼"问题中看到方程的规模扩大

前文提到，"鸡兔同笼"问题的解法有很多种，思考不同的解法也很有趣，下面我们来具体思考一下。

❓ 题目

有鸡和兔子共5只，脚的数量一共有12只。请问鸡和兔子分别有几只？

用小学生的"武器"解这类题目的方法如下。

> "如果5只都是鸡，会有多少只脚?" ➡ "每只鸡有2只脚，所以只有10只脚" ➡ "因为兔子有4只脚，每增加1只兔子，脚的总数会增加2只" ➡ "题目中脚的总数为12只，所以有1只兔子就能成立!"

这虽说是一种堪称蛮干的方法，但换个角度看，这也是一种很巧妙的思路，即从"所有都是〇〇"这种极端情况入手思考。

如果有了初中生的"武器"，就可以像下面这样思考。

> "既然不知道鸡的数量，就设其为 x" ➡ "因为动物总数为5只，既然鸡有 x 只，那么兔子就有（$5-x$）只" ➡ "根据脚的数量，因为有2只脚的鸡是 x 只，有4只脚的兔子是（$5-x$）只，所以可以得出 '$2x+4(5-x)=12$'"

"$2x + 4(5 - x) = 12$"是一元一次方程，大家应该都会解了。这种思路基本会自动将"未知数"设为x，所以比小学生的解法通用性更强，因此是在其他题目中也方便使用的"武器"。

不过，"未知数"不只有鸡的数量，还有兔子的数量，所以还需要动脑筋想到它是($5-x$)。本来按照道理，兔子也应该用其他字母来替换，这样就可以得到以下结果。

鹤崎总结！

$$\begin{cases} x + y = 5 \\ 2x + 4y = 12 \end{cases}$$

◀ 根据个体数量列出等式
◀ 根据脚的数量列出等式

因为兔子的数量也是"未知数"，所以可以直接设为y。

像这样**由若干个方程并列在一起的组合叫作"方程组"**。根据题目列出的方程组中的未知数只有x和y以及它们的若干倍。根据前文已知，一元一次方程由未知数x的若干倍和常数组成，所以上述方程的组合叫作**"一次方程组"**。进一步可知，有两个未知数的一次方程组叫作"二元一次方程组"，有三个的叫作"三元一次方程组"。

回到正题，方程组明显无法用解一元一次方程的方法来解，对吧？"第3步"中的"特效药"就不能用了。虽然我们天真地把未知数设为字母列出了等式，但用之前的方法似乎无法求解，既然如此，就必须获取新的"武器"了。

新"武器"将在下一节介绍，作为本节的总结，希望大家记住：**如果有n个未知数，那么只要能列出n个等式，基本就能求解。**

第5步

"如果只有一个未知数就好了"
——实现愿望的"代入法"

初中生

▶ 目标！一元一次方程

"鸡兔同笼"问题的方程组已经有了答案，下面我们再换一道题来思考。

❓ 题目

你收到一份采购委托："我们有 3 个人……我给你 4000 日元，你按照自己的喜好买 30 份寿司回来。"

寿司店里，虾肉、章鱼等便宜的寿司卖 80 日元，金枪鱼等更贵的寿司卖 200 日元。

要想刚好用完 4000 日元，每种寿司应该分别买多少份？

真实的寿司店价格设定更细致，不过这道题至少比"鸡兔同笼"问题更符合实际。

仔细思考就会发现，这道题和"鸡兔同笼"问题是一样的。"未知数"是 80 日元和 200 日元的寿司的数量，所以要分别设为 x 份和 y 份。列出等式如下。

$$\begin{cases} x + y = 30 \\ 80x + 200y = 4000 \end{cases}$$

◀ ① 根据数量
◀ ② 根据价格

请大家回忆第 62 页的"初中生解法"，当时我们把**兔子**设为了 $(5-x)$ 只，所以同样将 200 日元的寿司份数设为 $(30-x)$，就能得到

1   2   3   4   5

"$y=30-x$"。相当于从①两边减去 x。

既然可以得到"$y=30-x$"，那就可以用它代替②中的 y，这一步叫作**"代入"**。

$$80x+200(\,30-x\,)=4000$$

这样就完美地变成了大家能够求解的一元一次方程。

这项新"武器"叫作"代入消元法"，简称**"代入法"**，用一个未知数 x 来表示另一个未知数 y，从而消去 y，这看似平淡无奇，实则是个相当了不起的发现。

> **鹤崎总结！**
>
> 二元一次方程组最关键的问题在于有两个"未知数"，代入法实现了我们"如果只有一个未知数就好了"的愿望。

说起来有些夸张，我第一次知道代入法的时候特别感动。如果能试着像这样对前人发现的"武器"产生情感共鸣，就能更积极地享受数学带来的乐趣。

另外，像代入法这样"把不会的（二元一次方程组）转化为会的（一元一次方程）"的思考方式，在后面还会经常用到。

现在，我们先回到题目本身，继续进行计算。

$$80\,x + 200\,(\,30 - x\,) = 4000$$

$\Rightarrow\quad 80\,x + 6000 - 200\,x = 4000$ ← 使用乘法分配律

$\Rightarrow\quad 80\,x - 200\,x = 4000 - 6000$ ← 整理等式两边

$\Rightarrow\quad -120\,x = -2000$ ← 两边分别除以−120

$$x = \frac{2000}{120} = \frac{50}{3} = 16.66666\cdots$$

这里出现了无限小数，但因为 x 是 80 日元的寿司的份数，所以**需要结合实际情况重新思考**。也就是说，x 必须是能够实际数出来的数，所以答案只能是接近计算结果的 16 份或者 17 份。

因为总数为 30 份，所以 200 日元的寿司就是 14 份或者 13 份。经过验证，"16 份 80 日元的寿司和 14 份 200 日元的寿司"总价超过 4000 日元，所以这个答案不正确。

另外，"17 份 80 日元的寿司和 13 份 200 日元的寿司"的总价为 3960 日元，在 4000 日元以内，这些钱得到了充分利用，所以这种购买方式是正确答案。

这道题将①转换为"$x = 30 - y$"当然同样可以解开，从②导出 x 或 y 然后代入①同样可以解开。作为参考，让我们试着从②导出 x 吧。

计算明显很复杂，我就不继续进行了，不过一定会得出同样的答案，请大家务必尝试挑战一下。

$$80\,x + 200\,y = 4000$$

$\Rightarrow\quad 80\,x = 4000 - 200\,y$ ← 转换为"$x=$"的形式

$$x = \frac{4000}{80} - \frac{200}{80}y \qquad \blacktriangleleft \text{ 两边分别除以80}$$

代入①得

$$\frac{4000}{80} - \frac{200}{80}y + y = 30 \qquad \blacktriangleleft \text{ 变成了一元一次方程！}$$

绝对能解二元一次方程组的"特效药"其一

和一元一次方程一样，也有绝对能解二元一次方程组的"特效药"。这次的"特效药"中字母比较多，大家或许会晕头转向，不过只要冷静地看下去，就一定能理解。

鹤崎总结！

二元一次方程组的一般形式为

$$\begin{cases} ax + by = e & ——① \\ cx + dy = f & ——② \end{cases}$$

$$ax = e - by \qquad \blacktriangleleft \text{ 根据①求出} x$$

$$x = \frac{e - by}{a} \quad \text{且} a \neq 0 \quad \blacktriangleleft \text{ 两边分别除以} a$$

将上述等式代入②得

$$c\frac{e - by}{a} + dy = f$$

$$\Rightarrow \quad c(e - by) + ady = af \qquad \blacktriangleleft \text{ 两边分别乘以} a$$

$$\Rightarrow \quad ce - bcy + ady = af \qquad \blacktriangleleft \text{ 利用乘法分配律}$$

$$\Rightarrow \quad (ad - bc)y = af - ce \qquad \blacktriangleleft \text{ 整理出需要求出的} y$$

$$y = \frac{af - ce}{ad - bc} \quad \text{且} ad - bc \neq 0 \quad \blacktriangleleft \begin{array}{l} \text{两边分别除以} \\ ad - bc \end{array}$$

上述过程展现了绝对能解二元一次方程组的"代入法",不过需要注意 **"a"** 和 **"ad − bc"** 是否为 0。

现在可以试着用代入法来解开头那道寿司题。

在这道题中,$a = 1, b = 1, c = 80, d = 200, e = 30, f = 4000$

代入 $y = \dfrac{af - ce}{ad - bc}$ 可得

$$y = \frac{1 \times 4000 - 80 \times 30}{1 \times 200 - 1 \times 80}$$

$$= \frac{4000 - 2400}{200 - 80} \quad \leftarrow \text{计算减法}$$

$$= \frac{1600}{120} \quad \leftarrow \text{计算除法}$$

$$= 13.3333\cdots$$

y 是 200 日元寿司的份数,可知能购买 14 份或者 13 份,正确答案是 13 份。

像这样,只要根据题目列出等式,建立二元一次方程组,你就已经拥有了能够与之一战并且必然获胜的"武器"。

第 0 步

实现"系数相同"的 "加减法"

初中生

"通过减法消去一个未知数"的思路

在"第5步"中,我们已经"打败"了二元一次方程组。但在我喜欢的游戏世界中,有一些作品包含令人沉迷的要素,会让人不满足于只通关一次。也就是说,我想要通过别的路径再通关一次——二元一次方程组还有别的思路和解法,而且是一项属性完全不同的"武器"。

代入法的关键在于"如果只有一个未知数就好了"的"心情",这次我们换一种**"如果未知数的系数相同就好了"的"心情"**来尝试求解。

具体求解过程如下。

将右边这两个等式分别用天平表示,结果如下。

$$\begin{cases} 2x + 4y = 30 \\ 2x + y = 24 \end{cases}$$

在这种情况下,从左边的天平上把右边天平上的数量全都去掉,是否依然能够保持平衡呢?

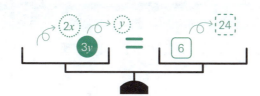

像右边这样将天平图换为等式表示。

因为剩下了"**3y=6**",两边分别除以 3 会得到"**y=2**",代入上面的等式可以得到一元一次方程"**2x+8=30**",解出"**x=11**"。

$$
\begin{array}{r}
2x + 4y = 30 \\
-)\ \ 2x + \ y = 24 \\
\hline
3y = \ 6
\end{array}
$$

再来试着用这种方法解一解"第 5 步"中的寿司题。

$$
\begin{cases}
x + y = 30 \quad\text{——①} \\
80x + 200y = 4000 \quad\text{——②}
\end{cases}
$$

根据"如果x的系数相同就好了"的"心情"

$80x + 80y = 2400$ ——①' ← ①两边分别扩大到原来的80倍

因为系数相同,所以用①'减去②

$$
\begin{array}{r}
80x + \ 80y = 2400 \\
-\ )\ \ 80x + 200y = 4000 \\
\hline
-120y = -1600
\end{array}
$$

← 两边分别除以−120

$$
y = \frac{1600}{120} = \frac{40}{3} = 13.3333\cdots
$$

y 是 200 日元寿司的份数,答案是 14 份或者 13 份,与之前的答案一致。

▨▨ 绝对能解二元一次方程组的"特效药"其二 ▶

和代入法一样,让我们试着用字母式来表现这个思路。

鹤崎总结！

二元一次方程组的一般形式为

$$\begin{cases} ax + by = e & \text{——①} \\ cx + dy = f & \text{——②} \end{cases}$$

因为 a 与 $\dfrac{c}{a}$ 相乘必然得 c，所以在①两边分别乘以 $\dfrac{c}{a}$ 且 $a \neq 0$

$$\frac{c}{a}(ax + by) = \frac{c}{a}e$$

$$\Rightarrow \quad cx + \frac{bc}{a}y = \frac{ce}{a} \quad \text{——①}' \quad \leftarrow \text{利用乘法分配律}$$

因为 x 的系数一致，所以用①'减去②

$$\begin{array}{r} cx + \dfrac{bc}{a}y = \dfrac{ce}{a} \\ -)\quad cx + dy = f \\ \hline \end{array}$$

$$\left(\frac{bc}{a} - d\right)y = \frac{ce}{a} - f \quad \leftarrow \text{变成了一元一次方程！}$$

$$(bc - ad)y = ce - af \quad \leftarrow \text{两边分别乘以}a$$

$$y = \frac{ce - af}{bc - ad} \quad \text{且}\ bc-ad\neq0 \quad \leftarrow \begin{array}{l}\text{两边分别除以}\\ bc-ad\end{array}$$

虽然看起来和第 67 页的结果不同，但实际代入后可得 $\dfrac{-1600}{-120}$，这是负数之间的除法，计算后同样得到 13.3333…。

这种方法叫作“加减消元法”，简称**“加减法”**，是 100% 能够解二元一次方程组的“武器”，也是一种“特效药”。

已经在学校学过二元一次方程组的人，应该已经掌握了“代入法”和“加减法”两种解法。大家有没有觉得代入法更容易上手呢？这是因为代入法的思路其实就是“鸡兔同笼”问题解法的延伸。

当然，能用"代入法"求解固然没问题，不过我个人更倾向于用加减法，因为**加减法的思路在未来的数学学习中会起到重要作用**。具体来说，它包含了高中数学中"矩阵"会用到的思路。因此，建议大家牢记这两项"武器"，并持续打磨，以备不时之需。

无解情况中潜藏的错误

前文已经提到，"如果有 n 个未知数，那么只要能列出 n 个等式，基本就能求解"。

？ 题目

$$① \begin{cases} x + y = 4 \\ 2x + 2y = 8 \end{cases} \qquad ② \begin{cases} 2x + 2y = 16 \\ 2x + 2y = 8 \end{cases}$$

那么，这两道题中都有两个"未知数"，也有两个方程，它们是否能够求解呢？结论是，两道题都无解。

仔细观察就会发现，题目①中下面的方程是上面方程的 2 倍，它们实际是同一个方程。也就是说，对于这个二元一次方程组来说，只要"$x+y=4$"，那么无论是"$x=-100$，$y=104$"还是"$x=\dfrac{3}{2}$，$y=\dfrac{5}{2}$"，它都能成立。

题目②中，"$16 \neq 8$"是显而易见的，因此无论 x 和 y 取什么值，这个方程组都不可能成立。

这就是我说"基本能求解"的原因，大家或许觉得理所当然，但实际上，题目①中所出现的错误在实际解题中意外地常见，即当列出等式后才发现多个方程本质上是相同的情况。

这种错误的原因大多在于没有根据两个不同的着眼点去构建方程，而是**在不知不觉中用同样的视角列出了同样的方程**。

第7步 打败强敌"一元二次方程"

出现"一元二次方程"

？ 题目

初次来到东京巨蛋，你一边朝着入口走，一边在心里感叹："东京巨蛋比我想象中的还大啊！"这时，你突然开始思考："东京巨蛋到底有多大呢？"

实际上，东京巨蛋表面有凹凸，并非标准的圆。不过，我们也绝非要追求精确计算，因此可以将它近似看作圆。

日本人经常用"有多少个东京巨蛋那么大"来作为面积大小的比较标准，只要上网一查就能知道，东京巨蛋的建筑面积是 46 755 m^2。

不过，这样未免太简单了，所以我们可以换个角度，尝试用直径来感受它的大小，毕竟直径大概是无法轻易查到的。

我们已将东京巨蛋近似看作圆，并且查到它的建筑面积是 46 755 m^2，而求圆面积的公式有小学学过的"半径 × 半径 × 圆周率"，以及初中学过的"πr^2"（r 为半径，该公式的"心情"将在"图形之路"一章中详细介绍）两种，于是我们可以根据半径和面积的关系列出求东京巨蛋直径的等式。

假设东京巨蛋的直径为"未知数 x(m)"，那么半径就是直径的一半，即"$\frac{1}{2}x$(m)"，代入初中所学的公式，计算如下。

$$\pi\left(\frac{1}{2}x\right)^2 = 46\ 755 \qquad \xrightarrow{\text{整理可得}} \qquad \frac{\pi}{4}x^2 = 46\ 755$$

乍看好像写成了一元一次方程的形式，仔细观察就会发现，该方程中的 x 自乘了，也就是说，它呈现出了平方（求平方根）的形式。

这种**只有一个未知数且未知数自乘的方程，叫作"一元二次方程"**。这是初中能够学到的最难的方程，相当于游戏中的终极首领。虽然它是个强敌，稍微有些棘手，但**大家已经在"数之路"中掌握了平方根的知识，理解一元二次方程的内容应该也不在话下**。

准确来说，解一元二次方程会涉及运用平方根进行计算，因此我会在专栏中稍作补充，但还请大家务必勤加练习以提升计算能力。

那么，既然已经列出了新的方程……想必大家已经明白接下来要做什么了，那就是必须掌握作为解法的"武器"。

对于方程 " $\frac{\pi}{4}x^2 = 46\ 755$ "，一元一次方程和二元一次方程组的"特效药"都是无效的，我们需要重新计算。

因为方程左边只有 x，所以两边分别乘 $\frac{4}{\pi}$

$$x^2 = \frac{46\ 755 \times 4}{\pi}$$

$$x = \pm\sqrt{\frac{46\ 755 \times 4}{\pi}} \qquad \longleftarrow \text{如第42页提到的，可以表示成这种形式}$$

1　　　　2　　　　3　　　　4　　　　5

因为长度不可能是负数，所以东京巨蛋的直径大约为

"$\sqrt{\dfrac{46\,755\times4}{\pi}}$（m）"。

不过，这个数不太直观，我们可以将圆周率 π 近似为 3，求出更具体的数值。

$$\sqrt{\frac{46\,755\times\text{④}}{3}}$$ ← 因为 $\sqrt{4}$ 等于 2，所以把它移到根号外

$$=2\times\sqrt{\frac{46\,755}{3}}$$ ← 根号有理化（※2）

$$=\frac{2}{3}\times\sqrt{46\,755\times3}$$ ← 根号内计算乘法

$$=\frac{2}{3}\times\sqrt{140\,265}$$

※2 参考第76页专栏

接下来，我们需要找出哪个数的平方是 140 265。这就是这个问题的麻烦之处，但我们可以通过尝试来逼近答案。例如，"370 × 370 = 136 900"，已经很接近了，继续这样计算（如果条件允许，也可以使用计算器），最终可以得出大约为 374.5。这个数的 $\dfrac{2}{3}$ 就是答案，所以计算 "$\dfrac{2}{3}\times374.5$" 可以最终得到东京巨蛋的直径大约为 250 m。

就我个人而言，这个数比我想象中要小，但如果我绕着东京巨蛋走一圈，或许也会觉得很远。

初步有理化

什么是有理化？有理化就是将平方根这个无理数转化为有理数的过程，尤其是指将分数分母中的平方根转化为有理数。

前文中出现了数 $\sqrt{\dfrac{46\ 755}{3}}$，因为像 $\dfrac{\sqrt{46\ 755}}{\sqrt{3}}$ 那样写两次根号太麻烦，所以合并成了一个大根号，但它的值并未改变。因此分母中存在平方根 $\sqrt{3}$，我们希望将其有理化，消除分母中的 $\sqrt{}$。

那么，为什么我们不希望分母中存在 $\sqrt{}$ 呢？这是因为很难进行简单的计算。计算时比起除以无理数 "$\sqrt{3}=1.732\cdots$"，除以 3 当然更简单。

下面来尝试最基本的有理化操作。

要想将分母中的平方根转化为有理数，方法其实很简单：只需将分母的 $\sqrt{3}$ 同时乘到分母和分子上，于是得到 $\dfrac{\sqrt{46\ 755}\times\sqrt{3}}{\sqrt{3}\times\sqrt{3}}$。

现在看看分母：因为把 $\sqrt{3}$ 自乘，所以分母变成了 3。因此，"$\sqrt{\dfrac{46\ 755}{3}}=\dfrac{\sqrt{46\ 755}\times\sqrt{3}}{3}$"，这样就完成了有理化。通过这种方式，只需将分母中的数同时乘到分子和分母上，就能实现有理化。

不过，还有一些更复杂的基础问题，比如如何有理化 $\dfrac{\sqrt{3}}{\sqrt{15-7}}$ 或 $\dfrac{\sqrt{3}+\sqrt{7}}{\sqrt{3}-\sqrt{7}}$ 等。虽然这些问题的解法也需要掌握，但本书不会涉及此类基础练习，建议大家通过教科书、参考书或练习册来提升自己的能力。

有绝对能解一元二次方程的"特效药"吗

将前文列出的一元二次方程写成一般形式。

 鹤崎总结！

$$ax^2 = b \qquad \text{且} a \neq 0$$

$$x^2 = \frac{b}{a} \qquad \leftarrow \text{两边分别除以} a$$

$$x = \pm \sqrt{\frac{b}{a}}$$

现在来思考下面这道题。

❓ 题目

假设在你的农村老家，有一块长 60 m、宽 40 m 的农田，因为面积太大，你想修两条田埂。可是如果田埂修得太宽，收成就会减少，考虑到收入，你想留下 2350 m^2 的农田。那么，每条田埂最宽能修到多少米？

先计算出农田现在的面积，长方形的面积为"长 × 宽"，所以面积为"60 × 40＝2400（m^2）"。

此处的"未知数"是田埂的宽度，我们将其设为"x（ m ）"。

像右边这样画出示意图。

修建田埂的目的是方便人走到农田中间，如果是两条田埂，我们通常会这样设计，对

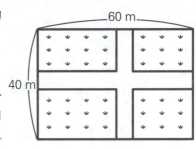

吧？我也会选择这种方式。

不过，无论田埂修在哪里，剩余农田的面积都不会改变。既然如此，我们不妨将田埂移到农田边缘。

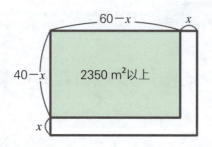

这样一来，如果修建宽度为 x m 的田埂，农田的长度就可以表示为（$60-x$）m，宽度可以表示为（$40-x$）m，二者相乘就能求得除田埂之外的农田面积。只要面积为 2350 m^2，就能勉强保证收入。

有人可能会问："田埂也可以斜着修，不是吗？"当然可以，不过结果是一样的。如下图所示，左右两边的绿色部分只要宽度一致，面积就一样。

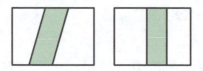

如果只拿出以上左图中的田埂来看，结果如下。

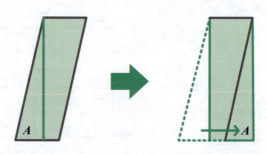

如图所示画出竖线，将 A 移动后就能变成长方形。所以，**只要田埂的宽度一致，无论它是笔直的还是倾斜的，面积都一样**。因此可以列出如下方程。

$$(40-x)\times(60-x)=2350$$

要解这个方程，需要用到**"展开"**这一计算规则。下页专栏中对此做了简单的介绍，还没有学过的人稍后可以阅读一下。

$$(40-x)\times(60-x)=2350$$
乘法

$$\Rightarrow\quad 60(40-x)-(40-x)x=2350$$

$$\Rightarrow\quad 2400-60x-40x+x^2=2350\quad\leftarrow使用乘法分配律$$

$$\Rightarrow\quad x^2-100x=-50\quad\leftarrow整理等式$$

因为存在 x^2，所以它也是一元二次方程，但和我们最初遇到的 "$ax^2=b$" 形式不同，对吧？这里多了 "$-100x$" 这个阻碍。

于是刚才一般形式的一元二次方程答案 "$x=\pm\sqrt{\dfrac{b}{a}}$" 在这里碰壁了，所以它并不是万能解法，也就不是**"特效药"**。因此，大家还远未达到"绝对能解一元二次方程"的水平。

新二次方程的真面目

关于如何解 "$x^2-100x=-50$" 以及需要用到的新**"武器"**，我们留到下一节再进行讨论。实际上，**与东京巨蛋问题推导出的方程**

相比，田埂问题中列出的二次方程更具普遍性。也就是说，更常见的二次方程形式是"$x^2-100x=-50$"这种。

具体来说，高中理科的课程中，有一门学科叫"物理"。例如，你扔出的棒球在空中的运动轨迹叫作"抛物线"，用等式表示为"$y=ax^2+bx+c$"，这也是二次方程的形式。

抛物线轨迹无处不在，比如宇宙开发领域中"火箭的飞行轨迹"、军事中的导弹轨迹，甚至"洒水器的覆盖范围"等问题，都与抛物线有关。总之，日常生活中有很多场景能用到二次方程。

专栏

展开的思路

在前文的计算中，最初列出的等式是"$(40-x)×(60-x)=2350$"，展开后变成了"$x^2-100x=-50$"。对比这两个等式，可以发现"原本的乘法算式变成了加法算式"。

在这道题中，由于出现了"$-100x$"，可能有些难以理解，但它其实也可以写成"$x^2+(-100x)=-50$"，因此展开本质上是将乘法变成加法。

已经学过展开的人可能已经记住了相关公式。记住公式确实可以更快地熟悉展开运算，所以并非没有必要，但即使没有记住公式，我们也不会在计算上浪费太多时间。

展开的方法很朴素，只需要将一个括号里的算式当成一个数，然后逐步进行计算。让我们用 $(ax+b)(cx+d)$ 这种一般形式进行思考。

$$(ax + b)(cx + d)$$

$$= (ax + b)cx + (ax + b)d \qquad \text{◀ 把}(ax+b)\text{当成一个数}$$

$$= acx^2 + bcx + adx + bd \qquad \text{◀ 使用乘法分配律}$$

$$= acx^2 + (ad + bc)x + bd \qquad \text{◀ 整理未知数}x$$

像这样展开后，原本的乘法算式就变成了加法算式。

稍微提前透露一下，在"第 8 步"中会提到"因式分解"，它是展开的逆运算，就像乘法与除法的关系一样。

展开是解一元二次方程时经常用到的计算方法，所以请务必勤加练习，确保无论何时都能进行准确运算——练习展开的价值可是很高的。

第8步

尝试虽非万能却很强大的"因式分解"

初中生

如果能将加法变成乘法就好了

"第7步"中留下的作业"$x^2-100x=-50$"该如何解呢？

首先，让我们按顺序思考以下题目。

 题目

① $x^2=7$ ② $x^2+2x=0$ ③ $x^2+2x-8=0$

题目①很快就能解开，它是"$ax^2=b$"的形式，答案是$\pm\sqrt{7}$。

题目②要如何解呢？稍加尝试就会发现，当"$x=0$"时等式成立，因为0的平方为0，与2相乘同样为0，所以0是答案之一。

那么用数学的思路思考，两边同时除以x会如何呢？如果$x\neq0$，等式两边就可以同时除以x。于是等号左边变成了$\dfrac{x^2+2x}{x}$，也就是$x+2$，所以"$x+2=0$"。这是一元一次方程，答案是-2。所以题目②的正确答案有两个，是"$x=0$，-2"。

另外，大家应该能明白，题目②还可以写成"$x(x+2)=0$"。将这个方程展开，就会得到题目②。也就是说，我们做了展开的逆运算。这就是"因式分解"。

前文已经提到，**展开是将乘法变成加法**。与之相对，**因式分解则是将加法变成乘法**。当"$a\times b=0$"时，a或者b一定为0。"$x(x+2)=0$"同样是乘法运算，因此可以说"x或者$x+2$一定为0"。

因式分解的"心情"如下。

鹤崎总结！

如果能将加法变成乘法就好了

$$ax^2 + bx + c = 0$$

$\Rightarrow$ $(px + q)(rx + s) = 0$ "如果能变成这样就好了"

下面再来思考题目③。

$$x^2 + 2x - 8 = 0$$ ◄ 利用因式分解

$\Rightarrow$ $(x + 4)(x - 2) = 0$ ◄ 也就是说"$x + 4 = 0$"或者"$x - 2 = 0$"

$$x = -4、2$$

使用因式分解时的思维过程如下。

鹤崎总结！

$$x^2 + \underline{2x} - 8 = 0$$

要让这个等式变成 $(x + \bigcirc)(x + \square) = 0$ 的
形式，需要满足以下条件

$\begin{cases} \bigcirc + \square = \underline{2} \\ \bigcirc \times \square = \underline{-8} \end{cases}$ ◄ $\bigcirc$ 和 $\square$ 分别是 4 和 -2
时满足条件！

通过这种方式，非 "$ax^2 = b$" 形式的一元二次方程也能解了。

"确实能解了，但总感觉不够畅快，因式分解本身就很费脑筋，
而且似乎并不能求解全部一元二次方程……"

如果你有类似的想法，这也无可厚非。比如，我们试着将题目

③中的 8 变成 7。

$x^2 + 2x - 7 = 0$
要想进行因式分解,需要找到满足以下条件的数
$$\begin{cases} \bigcirc + \square = 2 \\ \bigcirc \times \square = -7 \end{cases}$$

和题目③不同,大家可能会觉得"这不是心算能解决的问题""〇和□不会是整数"。的确,**利用因式分解来解一元二次方程绝对不是万能的,不过因式分解在某种程度上很厉害**,尤其是它便于心算。

稍微提前透露一下,在"第 10 步"中会介绍绝对能解开一元二次方程的"求根公式",它虽然是一种"特效药",但是计算很复杂,所以如果能用因式分解来解,就能节省时间。就像题目③那样,**如果能够想象到"答案是较小的整数",那么因式分解就是一个强大的"武器"**。

事实上,用方程解决实际问题时,答案往往是整数,因此因式分解法值得一试。在遇到一元二次方程时,我的策略就是优先尝试因式分解,如果不行,再用求根公式。

另外,只有熟练之后才能看出答案或许是较小的整数,才能在看到方程时想到应该可以用因式分解来解,而这需要大量练习才能实现。**反复练习展开和因式分解,就能逐渐掌握技巧**。

计算机的计算速度很快,因此让计算机来计算一元二次方程时,直接使用求根公式就足够了。但如果是人来计算,还是会想用因式分解的。

第9步

日常生活中也能使用的
因式分解技巧

初中生

因式分解的计算应用技巧

稍微岔开一下话题，我想通过一些例子让大家感受到，即使因式分解不是万能的，它依然非常"有用"！

? 题目

请尝试用心算来计算。 $39 \times 41 = ?$

怎么样？我做过很多因式分解练习，1 秒就能得出答案。用因式分解的思路来思考这道题，就可以把 39 看成（40−1），把 41 看成（40+1），于是题目中的等式就变成了"（40−1）×（40+1）= ?"。

$(40 - 1) \times (40 + 1)$ ← 展开

$= 40 \times 40 + 40 \times 1 + (-1) \times 40 + (-1) \times 1$

$= 40^2 + 40 - 40 - 1^2$ ← $40 - 40 = 0$

$= 1600 - 1 = 1599$

可能有人会抱怨"这样算绝对要用不止 1 秒"，但实际展开后再看，等式最终会变成"$40^2 - 1^2 = ?$"。

也就是说,总结成公式可得…… ➡ $(a + b)(a - b) = a^2 - b^2$

在学习因式分解的过程中，你会掌握一些这样的公式。一旦熟练运用这些公式，就能在 1 秒内解决问题。"72×68=？"也可以用同样的方法解答。等式会变成"（70+2）（70-2）= 70^2-2^2"，虽然难度比上一道题稍高一些，不过依然可以很快得出结果为"4900-4=4896"。

 题目

请尝试用心算来计算。 ① 102×102 =？ ② 53×53 =？

解题思路一致。

$$102 \times 102$$
$$= (100 + 2)(100 + 2) \quad \longleftarrow 展开$$
$$= 100^2 + \underline{100 \times 2 + 2 \times 100} + 2^2$$
$$= 100^2 + \underline{2 \times 2 \times 100} + 2^2 \quad \longleftarrow 两个2 \times 100$$
$$= 10\ 404$$

用以下公式，题目①和题目②都能 1 秒解开。

$$(a + b)^2 = a^2 + 2ab + b^2$$

因此，用心算计算"53×53=？"时，就能得到"（50+3）^{2}= $50^2+2×50×3+3^2$=2500+300+9=2809"。说 1 秒就算出来可能有点儿夸张，但如果心算熟练，大概 5 秒就能得出答案。

另外还有下面这种用法。计算"123×9=？"时，把 9 看成（10-1），"123×（10-1）=1230-123=1107"。这样心算虽然依然有些难度，但比起直接做乘法运算，还是要轻松很多。

虽然算不上严格意义的因式分解，但在实际问题中，还有下面这种应用方式。

❓ 题目

当消费税税率为 10% 时，898 日元的商品含税价是多少？

在 898 日元上加入 10% 的消费税，就是原价的 1.1 倍。

$$898 \times 1.1 = \text{?} \qquad \leftarrow \text{"} 1.1 = 1 + 0.1 \text{"}$$

$$\Rightarrow \quad 898 \times (1 + 0.1) = \text{?} \qquad \leftarrow \text{利用乘法分配律}$$

$$\Rightarrow \quad 898 + 89.8 = 987.8 \qquad \leftarrow \text{比小数的乘法计算轻松！}$$

四舍五入后的含税价为 988 日元。

以上这些都是"**因式分解能够提高计算速度所以很有用**"的例子。在遇到 9、17、22、51 这种与整十数相差"±1~3"的数时，我身体里的"轻松计算传感器"就会有反应。

另外，11~19 的平方计算"11 × 11＝121""12 × 12＝144"……"19 × 19＝361"很常用，所以我会记住它们的答案。因此，在遇到像"15 × 19＝(17－2)(17＋2)＝$17^2 - 2^2$＝289－4＝285"这样的题目，甚至"14 × 19＝?"之类的题目时，我都能迅速完成心算。

"14 和 19 的正中间并非整数" ➡ "用不了(a+b)(a-b)的形式" ➡ "不过 14 和 18 之间是 16" ➡ "可以在(16－2)(16＋2)的基础上加上 14 × 1 的结果 14 凑齐" ➡ "14 × 19＝(16－2)(16＋2)＋14＝$16^2 - 2^2$＋14＝266"

掌握了本节的内容，你就会拥有一项能让大家都感觉有趣的拿手绝活。不妨向朋友们展示一下，让他们大吃一惊吧！

第10步

一元二次方程篇完结，掌握"求根公式"

了解"求根公式"的"心情"

终于，我们来到了"方程之路"中完全攻克最强一元二次方程的时刻。虽然拖了很久，但让我们回到"第7步"中出现过的田埂宽度问题"$x^2-100x=-50$"上来。

首先，如果想用因式分解来解这个一元二次方程，就要将右边的 -50 移项到左边，变成"$x^2-100x+50=0$"的形式。这个方程可以像"第8步"中学到的那样进行因式分解，变成"加上 -100"和"乘以 50"之类的组合吗？

先说结论，我们找不到这样的整数。如预告中所言，此时**需要学会绝对能解一元二次方程的"特效药"，也就是最终奥义"求根公式"**。

因式分解的核心是希望"$ax^2+bx+c=0$ 能变成 $(px+q)(rx+s)=0$"的形式。大家还知道另一种解一元二次方程的形式，对吧？

没错，就是我们最初学到的 **"$ax^2=b$"**。

> **鹤崎总结！**
>
> 如果"$ax^2+bx+c=0$"能变成 "$ax^2=b$"就好了

这就是求根公式的"心情"。

下面让我们实际思考一下。具体来说，我们需要思考如何将"$x^2-100x+50=0$"变成接近"$ax^2=b$"的形式。为此，我们需要意识到，必须对"x^2-100x"这部分进行处理，因为它相当于 ax^2。

第 86 页介绍了因式分解公式"$(a+b)^2=a^2+2ab+b^2$"，而这正是我们的线索。实际上，还有一个类似的公式"$(a-b)^2=a^2-2ab+b^2$"，通过展开 $(a-b)(a-b)$ 可以证明其成立。

鹤崎总结！

如果"x^2-100x"的部分能变成 $(a-b)^2$ 的形式就好了

于是，上面这种新的"心情"也就萌生出来。

接下来，让我们开动脑筋。$-100x$ 等于 $(-2 \times x \times 50)$，这似乎和 $2ab$ 的部分相似。也就是说，x 相当于 a，50 相当于 b。

这就意味着，**如果是"$x^2-100x+50^2$"，就能变成 $(a-b)^2$ 的形式了。但是原式中没有 50^2，怎么办呢？如果没有，就把它加进来，然后再减掉！**

虽然这听起来有些粗暴，但在数学上完全没有问题。总结一下，该思路过程如下。

$$x^2 - 100x + 50 = 0$$

我们想将这里变成 $(x - \square)^2$ 的形式

如果是 $x^2 - 100x + 50^2$，就能变成 $(x - 50)^2$

⬇ 如果没有，就把它加进来，然后再减掉！

$\Rightarrow$ $x^2 - 100x + 50^2 - 50^2 + 50 = 0$

$\Rightarrow$ $(x - 50)^2 - 50^2 + 50 = 0$ ◀ 计算 $(x-50)^2$ 之外的部分

$\Rightarrow$ $(x - 50)^2 - 2450 = 0$ ◀ 将2450进行移项

$(x - 50)^2 = 2450$ ◀ 变成 "$ax^2 = b$" 的形式

$x - 50 = \pm \sqrt{2450}$ ◀ 根据第77页的内容

$x = 50 \pm \sqrt{2450}$

从计算结果来看，答案为 "$x = 50 \pm \sqrt{2450}$"。至于 $\sqrt{2450}$ 是多少，就像之前求东京巨蛋的直径那样，只能自己动手计算，其值大约为49.5。因此，"$x \approx 50 \pm 49.5$"，计算后得到 "$x \approx 99.5、0.5$"。然而，农田原本的长和宽分别是 60 m、40 m，修建一条 99.5 m 宽的田埂显然是不合理的。

那么，合理的答案就是大约 0.5 m。0.5 m 就是宽度只有 50 cm 的田埂，是不是显得有些过于重视利润，田埂偏窄了呢？

▶ 理解"心情"才是最重要的

总结前面的内容，就得到了求根公式。

鹤崎总结！

$$ax^2 + bx + c = 0 \qquad \underline{\underline{\text{且} a \neq 0}}$$

$$\Rightarrow a\left(\underline{x^2 + \frac{b}{a}\,x}\right) + c = 0 \qquad \leftarrow \text{把}\ \frac{b}{a}\ \text{看成} 2 \times \frac{b}{2a}\ \text{"配方"（※3）}$$

> ※3 配方
> 创造"$a(x-b)^2$"的形式。

$$\Rightarrow a\left\{\underline{\underline{x^2 + \frac{b}{a}\,x + \left(\frac{b}{2a}\right)^2}} - \underline{\underline{\left(\frac{b}{2a}\right)^2}}\right\} + c = 0$$

$$\Rightarrow a\underline{\left(x + \frac{b}{2a}\right)^2} - \frac{b^2}{4a} + c = 0 \qquad \leftarrow \text{变成"} ax^2 = b\text{"的形式}$$

$$\Rightarrow a\left(x + \frac{b}{2a}\right)^2 = \frac{b^2}{4a} - c$$

$$= \frac{b^2 - 4ac}{4a} \qquad \leftarrow \text{通分}$$

$$\Rightarrow \left(x + \frac{b}{2a}\right)^2 = \frac{b^2 - 4ac}{4a^2} \qquad \leftarrow \text{两边分别除以} a$$

$$x + \frac{b}{2a} = \pm\sqrt{\frac{b^2 - 4ac}{4a^2}} \qquad \begin{array}{l} \underline{\underline{\text{且} b^2 - 4ac > 0}} \\ \leftarrow \text{分母}\ \sqrt{4a^2} = 2a \end{array}$$

$$= \pm\frac{\sqrt{b^2 - 4ac}}{2a} \qquad \leftarrow \text{将}\ \frac{b}{2a}\ \text{移到右边}$$

$$x = \frac{-b \pm \sqrt{b^2 - 4ac}}{2a}$$

　　怎么样？如果你是小学生，或许会觉得这些内容相当难。但如果你能理解到目前为止的内容，那么将来在学校学习一元二次方程时，提前知道"用求根公式绝对能解一元二次方程"一定会对你非常有利。

另外，此类数学讨论、证明乍看非常复杂，但本质上，只要一开始就有"想要做的事"，也就是本书一直强调的"心情"，然后为实现它而找到解题的关键，之后就是一条明确的路径了，只要准确地沿着这条路走就可以。

理解了这一点，就无须再害怕。或者说，希望大家不要害怕，勇敢尝试！

就求根公式而言，想要实现将方程变成"$ax^2=b$"的心情，关键在于一个核心思路——"配方"。

相反，如果忘记了这一点，就很难推导出求根公式，因此这是一个"很重要的关键"。

有人认为"只要记住求根公式就行"，但完全依赖记忆是有风险的。一旦记错，实际使用时就会出现错误，得出的答案自然也是错的。

当然，如果真的能记住也没问题。但就个人而言，我常常会犹豫，求根公式究竟是 $\dfrac{-b\pm\sqrt{b^2-4ac}}{2a}$ 还是 $\dfrac{-2b\pm\sqrt{b^2-4ac}}{2a}$？在这种情况下，如果不能自己完成证明，也就是不能理解公式的"心情"，就会束手无策。

另外，第36页也提到过，只有能够解释清楚原理，才算真正理解知识，才有能力在各种情境下运用知识，所以人们会说"只记住公式没用"。

顺便一提，方程的种类会不断增加，有包含 x^3 的三次方程，还有四次方程甚至五次方程。虽然我没有都记住，但直到四次方程为止都有求根公式。

而五次方程及五次以上的方程就不存在求根公式了。

其实在数学领域，比起像刚才那样证明"存在"，证明"不存在"更加困难。

不过，数学家伽罗瓦通过他的"伽罗瓦理论"证明了五次方程及五次以上的方程不存在求根公式。这是一项伟大的成就，通常会在大学课程中学习。

至此，我们已经征服了"方程之路"。

这条"路"从"鸡兔同笼"问题以及使用○和□表示的题目开始，逐渐延伸到一元一次方程、二元一次方程组、一元二次方程，我们也掌握了更多解题"武器"。

进入高中数学后，这条"路"会继续延伸，延伸到第 55 页简单提到的"指数、对数"方程以及"二元二次方程组"等内容上。

另外，像证明求根公式之类的数学论证，在后面的"逻辑、证明之路"中也会有所涉及，而且高中阶段这类内容会更多，所以现在就开始慢慢熟悉起来比较好。

"答题王"鹤崎的挑战书！
三角形难题

题目篇

在7个三角形中分别填入2~8中的一个整数

> ⟹ 连接的3个数之和

> ⟿ 连接的3个数之和

> ┄┄➔ 连接的3个数之和

> ⟶ 连接的4个数之和

请保证以上4个数相等。
你能做到吗？

解答篇见第239页

第3章

函数、函数
图像之路

第一步

什么是"函数"？了解函数与函数图像的关系

小学生、初中生、高中生

▒ 即使不知道方程，也能用函数图像预测

成年人可能会在工作中用到图表，日常生活中特意绘制图表来解决问题的场景却很少见。

即便如此，这条"路"的主要内容还是会涉及图表，即函数图像，但不像之前那样是因为"有些事情做不到，所以需要新的'武器'"，而是因为**函数图像有各种各样的用途，每一种用途都能成为解决问题的"武器"**。这将是我们接下来要探索的路。

而且只要理解了函数图像与函数，以及函数与方程的关系，做到在这些概念间纵横自如，就能掌握新的数学思维方式，这可是大有裨益的。

首先，让我们从"函数是什么"开始。

如下图所示，函数的概念就是"在神秘盒子里放入某个物体，就会出现其他物体"。用数学语言来讲，比如把 **"$x=3$"** 放进这个盒子里，就会得到 **"$y=4$"**，也就是说，函数就是 **"当 x 确定时，y 也随之唯一确定的关系"**。

严格来说，函数不一定要列方程。

例如，即便是下图这样随意绘制的图形，我们也能说"左图是函数，右图不是"。这是因为，右图中在 **"x=a"** 的位置可以看到不止一个 y，而是有 3 个。虽然像左图那样的函数不一定以方程的形式存在，但有些情况下，如果能列出方程，将会更加方便，这一点将在"第 2 步"中继续介绍。

接下来，假设有右边这样一个方程。

这是本书尚未涉及的一种方程形式，看起来可能有些难以理解，这时不妨动手试试。

$$y = \frac{1}{x+2}$$

x	为0时	为1时	为2时
y	$\frac{1}{2}$	$\frac{1}{3}$	$\frac{1}{4}$

可以看出 y 逐渐减小

↓ 同样来看看当 x 为负数时的情况

x	为−1时	为−2时
y	1	$\frac{1}{0}$?!

因为1不能用0除（参考第37页），所以出了问题！

↓ 再来看看 x 处于−1和−2之间时的情况

x	为-1.5时	为-1.9时	为-1.99时
y	$\frac{1}{0.5} = 2$	$\frac{1}{0.1} = 10$	$\frac{1}{0.01} = 100$

y突然变大了！

↓ 那么x小于-2时会如何呢？

x	为-2.01时	为-2.1时	为-2.5时	为-3时	为-10时
y	$-\frac{1}{0.01} = -100$	$-\frac{1}{0.1} = -10$	$-\frac{1}{0.5} = -2$	-1	$-\frac{1}{8}$

综上所述，这个神秘的方程满足当 x 确定时（"$x=-2$" 除外）y 也随之唯一确定的关系，因此可以被称为函数。另外，**用图形可以更直观地表示函数**，尝试画出函数图像如下。

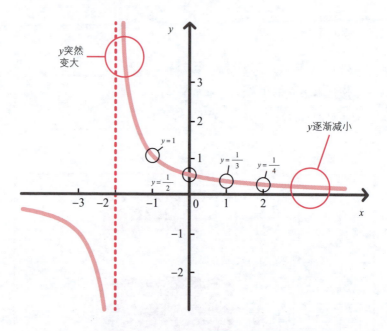

事实上，这类函数和函数图像要到高中才会学到。

我在"方程之路"中也提到过类似的观点，**重要的是即使不理**

解函数"$y=\dfrac{1}{x+2}$"的意思，只要动手尝试，就能画出它的函数图像。而且，将原本神秘的函数方程变成直观的函数图像后，许多信息就会变得一目了然。

例如，刚才我们没有计算"$x=-5.25$"时的情况，虽然计算比较麻烦，但通过函数图像就能推测出 y 的值。此外，虽然"$x=-2$"时，y 的值不存在，但观察其前后值可以发现，"$x=-1.99$"时"$y=100$"，"$x=-2.01$"时"$y=-100$"，可以想象函数图像会在这附近无限延伸。

想象就是预测，这就是函数和函数图像的"**心情**"之一。如果有人问"为什么要学习函数和函数图像"，那么"为了预测"就是一个很好的理由。

函数图像是 x 与 y 的"集合"

我们最开始在学校学到的函数是"正比例函数和反比例函数"。

我们学到的正比例函数是"$y=kx$"，反比例函数是"$y=\dfrac{k}{x}$"，这些方程中只要 x 确定，y 也就随之唯一确定，所以它们毫无疑问都是函数。

虽然 k 值不同，函数图像的斜率等也会不同，但它们的图像大致如下。

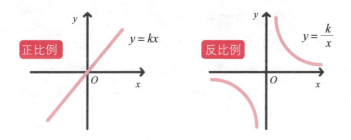

这样看来，函数"$y = \dfrac{1}{x+2}$"可以说是反比例函数的变形，不过中学数学中并不会教。

另外，听到图表，恐怕大家最先想到的是如下图所示的几种类型。

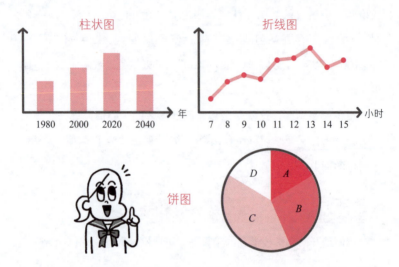

这些图表分别表示什么呢？柱状图和折线图表示"变化"，饼图表示"比例"。

前面已经介绍过，函数和函数图像的"心情"之一就是"预测"。这是因为，**当 x 的值确定时，就会有一个唯一确定的 y 值的集合，而这个"集合"能够形成函数图像**，所以预测才成为可能。简单来讲，就是因为其具有准确性。

饼图大概难以用于预测，但柱状图和折线图可以通过变化的"趋势"进行大致的预测。不过和函数图像相比，它们的准确性通常较低（在英语中，这些图表叫作"chart"，与表示函数图像的 graph 进行区分）。

"一次函数"的图像是一条直线,而直线几乎都是"$y=ax+b$"

初中生

若变化恒定则为"一次函数"

❓ 题目

你现在有 1000 日元,如果每个月存下 300 日元零花钱,1 年后你能买得起价值 5000 日元的游戏软件吗?

想要知道你在 1 年后能不能存到 5000 日元,也就是"想要预测未来的储蓄金额",需要使用函数。因为只要确定了 x,y 就能唯一确定,即"只要时间确定,储蓄金额就能确定"。

1 个月后的储蓄金额是你手里最初拥有的 1000 日元加上 300 日元零花钱,一共 1300 日元;2 个月后增加 300 日元,达到 1600 日元。

画成函数图像后如下。

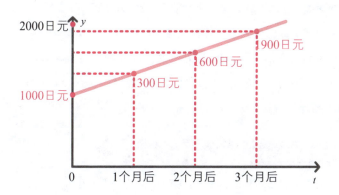

函数图像呈现从左到右上升的趋势。只需将该函数图像延伸到 1 年后,也就是 12 个月后,我们就能知道储蓄金额,而如果能根据

函数图像列出方程，那么计算就更简单了。

> "t每增加1，储蓄金额就能增加300" ➡ "也就是$y=300t$" ➡ "由于你手中一开始就有1000日元，所以是$y=300t+1000$！"

1个月后，相当于 t 为 1，可以通过"$y=300t+1000$"计算出储蓄金额 y 是 1300。

那么 12 个月后的储蓄金额是多少呢？把 12 代入 t 进行计算，就可以预测出未来的储蓄金额能达到 4600 日元。

要买 5000 日元的游戏软件，这些钱显然还不够，不过现实中也许会有压岁钱之类的临时收入，说不定可以凑够。

像这样，无论是增加还是减少，变化恒定的函数叫作"一次函数"。因为变化恒定，所以函数图像是一条直线。反过来，只要看到函数图像是一条直线，基本上就能用一次函数表示。

根据函数图像列出方程就能够进行计算，所以也可以算出"多少个月后能够存到 10 000 日元"这样的问题。因为储蓄金额 y 是 10 000，所以解一元一次方程"$10\,000=300t+1000$"可得"$t=30$"，只要 30 个月就能存下 10 000 日元。

无法用"$y=ax+b$"表示的直线

前文提到，"只要看到函数图像是一条直线，基本上就能用一次函数表示"。这是一个非常重要的观点，总结成一般规律可以说"平面上的直线基本上可以用一次函数'$y=ax+b$'表示"。不过只有一个例外，所以我用了"基本上"。大家知道这个例外是什么吗？让我们利用如下图所示的函数图像来思考一下吧。

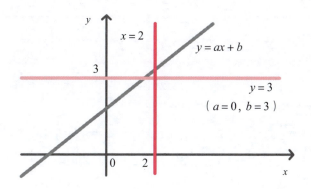

"**y=ax+b**"是该函数图像中的斜线，当"**a=0，b=3**"时"**y=3**"，可以用平行于 x 轴的直线表示。

那么大家觉得"**y=3**"是函数吗？

其实它也是表示"没有变化"这种关系的函数。

那么，表示"**x=2**"且与 y 轴平行的竖线呢？从图像上看，它显然是一条直线，但由于"**y=ax+b**"中 y 始终随 x 变化，因此无法表示"**x=○**"这种形式。

正因为有这种例外存在，我们才说"**y=ax+b**"几乎可以表示平面上的所有直线。

大家或许会觉得我又说了奇怪的话，不过所有伏笔之后都会有照应，所以请先记住这个例外。

顺便一提，"**b=0**"时，等式会变成"**y=ax**"，这就成了表示 y 会按照一定比例增减的"**正比例**"函数。

第3步 尝试用函数图像解一元一次方程

初中生

一元一次方程也能变成二元一次方程组吗

"第1步"中已经提出，函数图像是"当 x 确定后，有唯一值的 y 的集合"。

既然如此，我们也可以将函数图像看作**"方程的解的集合"**。之所以突然引入方程的概念，是因为这是一个应用范围非常广的话题。

 题目

$$5x + 7 = 3x + 10$$

这是个非常简单的一元一次方程，大家应该都能轻松求解。把**"未知数 x"**移项到等式左边，常数移项到右边，就变成了"$5x - 3x = 10 - 7$"，计算可得"$2x = 3$"，两边分别除以 2，答案是"$\dfrac{3}{2}$"。接下来，我们再尝试用函数图像来解这道题。

或许有人会问："你说用函数图像来解，可是题目里只有 x 呀！怎么办？"这个疑问很合理，但也有解决办法。

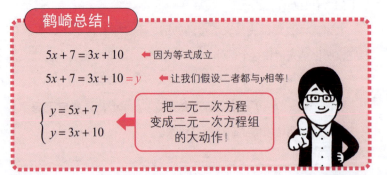

鹤崎总结！

$5x + 7 = 3x + 10$ ← 因为等式成立

$5x + 7 = 3x + 10 = y$ ← 让我们假设二者都与 y 相等！

$$\begin{cases} y = 5x + 7 \\ y = 3x + 10 \end{cases}$$

把一元一次方程变成二元一次方程组的大动作！

这样一来，一元一次方程就变成了二元一次方程组。而且，**二元一次方程组中的每一个方程都是一个一次函数**。

接下来，画出这两个一次函数的函数图像。

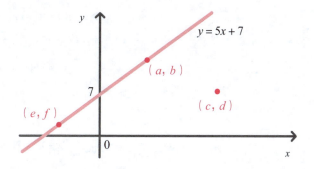

"$y=5x+7$" 上 的 点 (a, b) 和不在 "$y=5x+7$" 上的点 (c, d) 的区别是什么？(a, b) 是符合 "$b=5a+7$" 关系的点，而 (c, d) 是不符合 "$d=5c+7$" 关系的点。另外，点 (e, f) 同样在 "$y=5x+7$" 上，因此可以代入 (x, y)，"$f=5e+7$" 成立。

以 "$y=12$" 为例，"$y=5x+7$" 就变成了一元一次方程 "$12=5x+7$"，毫无疑问能够求解。

但本质上来看，"$y=12$" 是什么呢？它是一条平行于 x 轴的直线。此时方程求解的 x，也就是 "未知数" 又是什么呢？它是直线 "$y=5x+7$" 和直线 "$y=12$" 的交点处的 x 值，即 "$x=1$"。

第 103 页已经提到，"$y=\bigcirc$ 是函数"，因此**方程也可以看作由两个函数组成**。对于一元一次方程来说，它由两个一次函数组成。

因此，对于题目中的一元一次方程 "$5x+7=3x+10$"，只是把 "$y=12$" 换成了 "$y=3x+10$"，两条直线交点处的 x 值就是方程的解。

将函数图像看作方程的解的集合的真正意义

现在我们已经明白了"直线交点处的 x 值就是方程的解",但仅凭这一点还无法确定具体的数值。

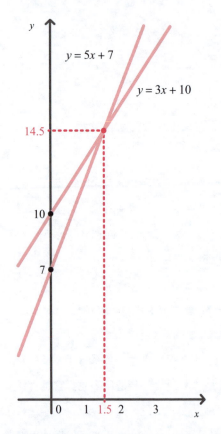

我们可以先假设"$x=5$",那么代入"$y=5x+7$"则"$y=32$",代入"$y=3x+10$"则"$y=25$",y 的值并不一致。

那么"$x=1$"时如何呢?这时,两个一次函数中的 y 分别是 12 和 13,比"$x=5$"时更接近。

"$x=2$"呢?y 分别是 17 和 16,所以和"$x=1$"时一样,误差为 1。

于是可以将答案锁定在"$x=1$"和"$x=2$"之间。

既然如此,取中间值"$x=1.5$"如何?这时两个一次函数中 y 的值都是 14.5。

所以,一元一次方程"$5x+7=3x+10$"在"$x=1.5$"时,两边数值相同,等式成立。

1.5 用分数表示是 $\frac{3}{2}$,这与直接解方程得到的答案一致。

　　总结来说，本节开头之所以说"可以将函数图像看作方程的解的集合"，就是这个原因。

　　在一次函数"$y=5x+7$"中，当 y 等于 12 时，方程的解为"$x=1$"，当 y 等于"$3x+10$"时，方程的解为"$x=1.5$"，因此"$x=1$，$y=12$"以及"$x=1.5$，$y=14.5$"自然都是"$y=5x+7$"的函数图像上的点。

　　一元一次方程和一次函数虽然形态相似，但本质不同。我再啰唆一句，方程是用来确定"未知数"的，而函数不是用来确定"未知数"的，它是所有可能性的集合，可以用函数图像表示。

　　最后要说的是，**在面对一元一次方程时，用函数图像解方程的思路反而显得烦琐，实用性不强**。不过在面对三次方程、四次方程时，无论多么难解的方程都能使用该思路。甚至可以说，**面对的方程越复杂，函数图像作为预测答案的"武器"就越强大**。

专　栏

二分搜索

　　在预测函数图像的交点时，本次题目中通过检查"$x=1$"和"$x=2$"之间的值，很快就找到了正确答案 1.5。

　　假如依然找不到答案，但能确定答案一定在两个数之间，那么接下来可以尝试"在 1.5 和 2 之间，检查 1.75"。

　　这种方法叫作"二分搜索"，是一种非常实用的方法。通过不断取中间值，答案的精确度会成倍提高，误差也会持续减半。

二元一次方程组也能用函数图像来解

初中生

表示所有直线的方程 "$ax+by=c$"

? 题目

$$\begin{cases} 3x + 2y = 8 \\ 5x + y = 10 \end{cases}$$

和"第3步"一样，我们也可以把这道题中的每一个方程都变成"$y=$"的形式，但这里要介绍的是另外一种完全不同的思路。

首先需要明确的是，"$3x+2y=8$"也可以用直线表示，这一点稍微思考一下就能明白。"$y=-\dfrac{3}{2}x+4$"就是一次函数"$y=ax+b$"的形式。

因此，"$3x+2y=8$"的一般式"$ax+by=c$"也能用直线表示。

而且还可以说"**平面上的直线全部可以用一次函数'$ax+by=c$'表示**"。注意，这里说的不再是"基本上"，而是"全部"。就连不能用"$y=ax+b$"表示的直线"$x=○$"，只要设"$b=0$"，就能表示为"$x=\dfrac{c}{a}$"。

既然知道了"$ax+by=c(\ a\neq0，b\neq0\ )$"是直线，就能轻松画出它的函数图像。

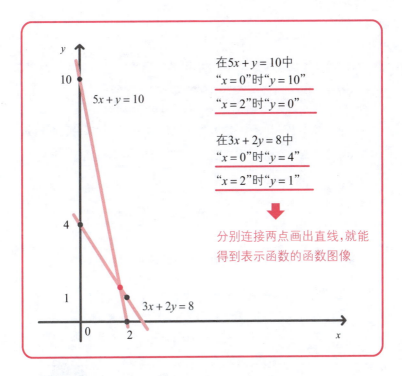

在 $5x + y = 10$ 中
"$x = 0$"时"$y = 10$"

"$x = 2$"时"$y = 0$"

在 $3x + 2y = 8$ 中
"$x = 0$"时"$y = 4$"

"$x = 2$"时"$y = 1$"

分别连接两点画出直线,就能
得到表示函数的函数图像

两条直线的交点就是这个二元一次方程组的解。

虽然和"第3步"一样,实际求解时还需要用二分搜索法缩小范围,但这里的**关键在于,知道"$ax + by = c$"也是直线会让你更有优势**。这样一来,只需各自检查两个点,就能以这种形式逐渐接近二元一次方程组的解。

更进一步说,这种方法**跳过了函数"只要确定了 x,y 就能唯一确定"的概念,仅仅基于函数图像是直线这一特点来解题**。

另外,这里主要是为了让大家理解这种思路,所以不具体解题,但请务必尝试用"函数图像解法"来挑战一下。

正确答案在这里,"$x = \dfrac{12}{7}$,$y = \dfrac{10}{7}$"。

4   5

第 5 步

一元二次方程也能
用函数图像来解

初中生、
高中生

▶ 按照解一元一次方程的步骤求解即可

一元一次方程和二元一次方程组可以用函数图像来解，既然如此，大家是不是兴奋地认为一元二次方程也可以用函数图像来解呢？

 题目

$$x^2 - 4x + 2 = 0$$

这个一元二次方程无法进行因式分解，因此只能用求根公式"$x = \dfrac{-b \pm \sqrt{b^2 - 4ac}}{2a}$"来解，代入公式计算可得"$x = 2 \pm \sqrt{2}$"，是无理数。

那么用函数图像如何来解呢？方法与解一元一次方程时一样。

$$x^2 - 4x + 2 = 0 {\color{red}= y} \quad \longleftarrow 让等号两边都等于 y！$$

$$\begin{cases} y = x^2 - 4x + 2 \\ y = 0 \end{cases} \quad \longleftarrow 变成二元二次方程组！$$

大家或许还不太了解二元二次方程组，用图像表示的话，其大致形状如下。

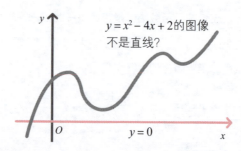

$y = x^2 - 4x + 2$ 的图像
不是直线？

$y = 0$

首先，"$y=0$"是与 x 轴重合的直线。那么"$y=x^2-4x+2$"的函数图像是什么样的呢？由于它不是像"$y=ax+b$"或者"$ax+by=c$"这样的一次函数，因此可以推测它的图像**不是直线，或许是曲线**。

另外，"$y=x^2-4x+2$"是一个当 x 确定时 y 也随之确定的函数，所以可以像之前那样，动手尝试一下。

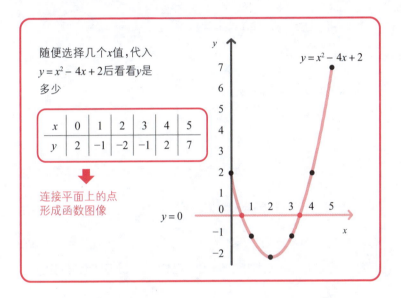

随便选择几个 x 值，代入 $y=x^2-4x+2$ 后看看 y 是多少

x	0	1	2	3	4	5
y	2	−1	−2	−1	2	7

连接平面上的点形成函数图像

于是，我们看到"$y=x^2-4x+2$"与"$y=0$"有两个交点，一个在"$x=0$"与"$x=2$"之间，另一个在"$x=2$"和"$x=4$"之间。

像第 106 页那样用二分搜索法取"$x=0$"和"$x=2$"之间的"$x=1$"，可以得到"$y=-1$"，于是交点范围缩小到了"$x=0$"和"$x=1$"之间。接下来尝试计算一下取二者的中间值"$x=\dfrac{1}{2}$"时的情况。

$x = \dfrac{1}{2}$ 时 ➡ $y = \left(\dfrac{1}{2}\right)^2 - 4 \times \dfrac{1}{2} + 2 = \dfrac{1}{4} - 2 + 2 = \dfrac{1}{4}$

因为 y 为正，所以交点在"$x = \dfrac{1}{2}$"和"$x = 1$"之间
计算取中间值"$x = \dfrac{3}{4}$"时的情况

$x = \dfrac{3}{4}$ 时 ➡ $y = \left(\dfrac{3}{4}\right)^2 - 4 \times \dfrac{3}{4} + 2 = \dfrac{9}{16} - 3 + 2 = -\dfrac{7}{16}$

因为 y 为负，所以交点在"$x = \dfrac{1}{2}$"和"$x = \dfrac{3}{4}$"之间
计算取中间值"$x = \dfrac{5}{8}$"时的情况

$x = \dfrac{5}{8}$ 时 ➡ $y = \left(\dfrac{5}{8}\right)^2 - 4 \times \dfrac{5}{8} + 2 = \dfrac{25}{64} - \dfrac{5}{2} + 2 = -\dfrac{7}{64}$

由于此时计算得出的 y 是负值，可知 x 在 $\dfrac{1}{2}$ 和 $\dfrac{5}{8}$ 之间，但进一步计算会很麻烦，因此剩下的计算工作可以交给计算机，它能找到更精确的 x 值。不过根据求根公式求出的 x 是无理数，所以永远不会得到让 y 为 0 的有理数 x。

这里的关键在于，$\dfrac{1}{2}$ 化为小数是 0.5，$\dfrac{5}{8}$ 化为小数是 0.625，几乎已经在误差范围内找到"一个能够让 y 等于 0 的 x 值"了。

另外，相比于"$x = 2 \pm \sqrt{2}$"，用函数图像更容易理解"一个交点位于 0.5 附近"这种数字上的直观感受，这也正是用函数图像能够快速求得近似解的一个优势。

当然，这种方法无法用于需要得到"精确答案"的小测验和入

学考试。不过，相信大家早晚都会感受到，只要明白**"x 确定时 y 也随之确定"**，那么无论遇到多么奇怪、变化多么不规则的函数，都能**在画出函数图像后找到近似解。**掌握这种思维方式，可以让你更好地应对社会中那些"或许没有答案的问题"。

"二次函数"的图像是抛物线

其实从"$y = x^2 - 4x + 2$"的函数图像中还能看出重要的一点，我想应该有人已经注意到了，这个函数图像以"$x = 2$"为轴左右对称。

这就意味着，位于"$x = 2$"和"$x = 4$"之间的另一个解在比 3 大 0.5 左右的地方，大概是 3.5。这种函数图像叫作抛物线。大家有印象吧？没错，在第 80 页提到过，这也是高中物理中会学到的内容。

虽然当时我说它像二次方程，其实准确的说法应该是"二次函数"。也就是说，**如果 $a \neq 0$，那么二次函数"$y = ax^2 + bx + c$"就可以表示为开口向上或者向下的抛物线。反过来，这种形状的抛物线也可以用二次函数来表示。**

"函数、函数图像之路"到此结束，因为本章内容从函数图像的各种用途都能成为"武器"开始，所以就以函数图像为中心总结一下要点。

首先，"函数图像可以用于预测"。一次函数的图像是直线，二次函数的图像是抛物线。

其次，"用函数图像可以解方程"。方程由两个函数组成，从这个视角出发，可知函数图像的交点就是解。

最后，我们还可以说：**"想在平面上画直线，就用一次函数；想画抛物线，就用二次函数。"**

函数图像从广义上来说属于图形。使用在高中数学中学到的函数，还可以在平面上画出圆和椭圆等图形。

例如，像高速公路出入口的弯道一样，我们可以用函数图像绘制出合适的曲线，并将其应用于实际建设中。这是函数和函数图像的另一种用途。

专栏

二次函数

前文提到的抛物线 "$y=x^2-4x+2$" 大多会出现在高中，我们在初中更常见到的抛物线是什么样的呢？基本上都是 "$y=ax^2+bx+c$" 且 "$b=0$，$c=0$" 的二次函数 "$y=ax^2$"。

画成函数图像如下图所示。

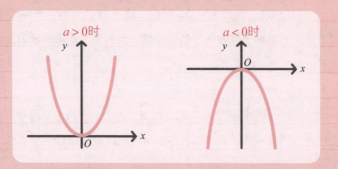

这是顶点为原点（$x=0$，$y=0$）的抛物线。与此相对，刚才的抛物线顶点并非原点，而是坐标为 "$x=2$，$y=-2$" 的点。

初中常见的题目中，大多会根据以上函数图像求某个范围内的最大值或最小值，或者求函数图像与某条直线的交点。大家现在已经理解了方程与函数、函数图像的关系，自然再也无须担心。

第4章

图形之路

第一步　思考三角形"全等""相似"的含义

小学生、初中生

什么是"相同"

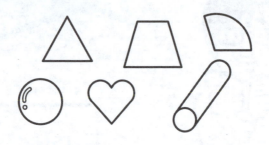

　　在图形中，三角形包括等边三角形、等腰三角形、直角三角形等，四边形包括正方形、长方形、梯形、平行四边形、菱形等。当然还有圆、球，甚至心形和图表也是图形。世界上存在着大量图形。

　　本书将从"什么是相同的图形"这个问题开始，探讨这些种类繁多的图形。

　　下面这两个三角形相同吗？乍看似乎相同，但当我将它们分别命名为"A"和"B"时，情况会如何呢？

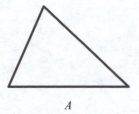

A

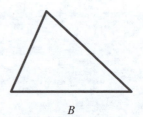

B

　　最严格意义上的"相同"观点会认为："它们不在同一个位置，名字也不一样，所以是不同的图形。"

可是这样只会让人感叹"哦，原来如此，那又怎样"，话题很难再继续深入下去。

再来看下面这两个图形，它们看起来似乎也是相同的。为什么呢？因为如果翻转其中一个，就会发现**"二者移动后能够重合，所以是相同的"**，尽管这不是严谨的数学解释，不过感觉上确实如此。

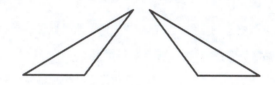

接下来，仔细思考一下"移动是什么意思"。下面的图形相同吗？

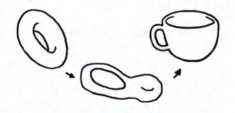

甜甜圈和咖啡杯看起来完全不同，可是如果它们都是用黏土做成的，情况会怎么样呢？只要将甜甜圈中间的洞巧妙地拉开，做成把手，就能将原本的甜甜圈变成咖啡杯的形状，对吧？

这就涉及拓扑学的概念了。在拓扑学里，不能撕裂或削尖图形，但只要保持在可流动变形的范围内，就可以说两个图形"拓扑等价"，即在拓扑学上相同。总之，这也是移动。不过，拓扑学至少要到大学之后才会学到。

因此，本书中得出的结论是，"数学上的移动"包括旋转、平移、翻转，经过这三种"移动"后形状一致的图形就是"相同"的，在数学上叫作"全等"。

对相同最严格的要求是一开始的说法，即必须保持位置和名字一致，而全等的要求相对较为宽松。在拓扑学中，即使图形的具体形状不一致也没问题，是比全等要求更为宽松的"相同"概念。

总之，**虽然都用"相同"来描述，但是仔细思考就会发现其程度有所不同**，所以在探讨图形时，首先需要明确具体的要求。

作为全等概念的延伸，还存在"相似"这个概念，指的是扩大或者缩小后能够变得相同也就是全等的图形。

如下图所示，在平面上画一个三角形，从坐标轴原点分别连接三角形的三个顶点并将连线向外延伸，在各条延伸线上取这样的点：该点到对应顶点的距离是该顶点到原点距离的 2 倍。连接这三个新点就能得到一个放大后的三角形。此时，这两个三角形相似。

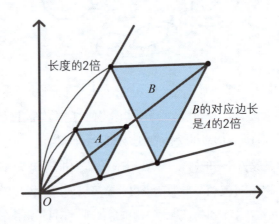

全等和相似在生活中无处不在。例如，人行道上的地砖大多都是全等的，一份炒饭和半份炒饭通常都是相似的。虽然这些听起来好像没什么大不了，但有些事情正是因为相似才能被理解，这一点之后会详细讨论。

第2步 推导出三角形的全等条件

初中生

▚▚ 证明的意义与专注于三角形的原因 ▶

　　坦率地说，"图形是否全等，看一眼大概就能知道"这种观点有一定的合理性。在日常生活中，如果对方也认同"看起来是这样"，那倒也没什么问题。

　　可是有人会质疑："是这样吗？还是有些不一样吧？"这时，运用数学知识就能给出让所有人信服的解释。暂且不论在日常生活中是否会这样做，正如我会在"逻辑、证明之路"中详细阐述的，运用数学进行逻辑说明和论证的能力，在学习数学的过程中至关重要。

　　在提出某个论点时，做出在数学上没有反驳余地的说明和讨论，在数学上叫作"证明"。证明有证明的"武器"，在学校教育中，通常会从接下来要讲的"证明三角形全等"开始，让学生逐渐熟悉证明过程。

　　事实上，中学阶段专注于三角形是有原因的。

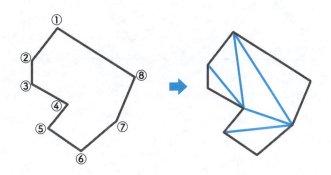

例如，当需要证明两个看起来相同的八边形全等时，可以像上页中右图那样把八边形切割成三角形。因此，只要能证明每个对应的三角形全等，就能证明两个八边形全等。这种方法同样适用于其他多边形。

也就是说，**了解三角形的性质就是了解多边形的性质，可以说只要理解了三角形，就能理解所有多边形**。正是基于这个意义，我们才要深入研究三角形的性质。

"两角"对应相等的图形最少需要几条边对应相等

下图所示的两个三角形的三条边和三个角都对应相等。在这种情况下，大家应该能明白这两个三角形相同，也就是"全等"。不过**为了证明全等，三条边和三个角"一共 6 项要素都要检查，好麻烦"**，从这种"心情"出发，数学家希望能尽可能减少需要检查的要素。

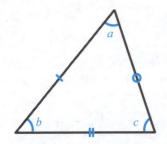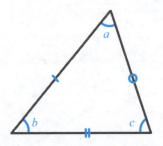

首先是"三个角"，可以减少到两个。因为**"三角形的三个内角（三角形内侧的角度）和为 180°"**，这是小学生学到的三角形的性质（大家可以自行探究一下其原因），所以只要知道两个角的角度，剩下一个角的角度就自动确定了，只要用 180° 减去已知两角的角度即可。

于是需要检查的要素从"三条边和三个角"减少到了"三条边和两个角"。

那么当两个角对应相等时，需要检查是否对应相等的边可以减少到几条呢？如果如下图所示，"三边各不对应相等，但两个角对应相等"，即"0 边 2 角"，情况会怎样呢？

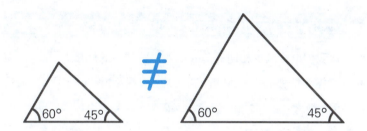

这种情况下，很容易就能找出两个三角形不全等的例子。那么，如果如下图所示，"一条边和两个角对应相等"，即"1 边 2 角"，情况又如何呢？

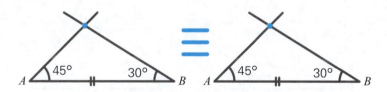

这种情况下，从点 A 和点 B 延伸出来的射线只能在同一点交会，因此这两个三角形全等。那么下面这种情况呢？

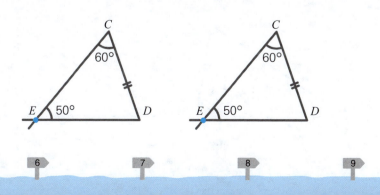

和刚才不同，这是"已知等长的边一侧有一个未知角的情况"。在这种情况下，由于边 CD 的长度固定且未知角 $\angle CDE$ 只能相等，因此点 C 和点 D 与点 E 连接后两个三角形必然全等。

需要检查的要素从"3 边 3 角"减少到"1 边 2 角"，证明过程变简单了。

"一角"对应相等的图形最少需要几条边对应相等

让我们继续减少相同的角的个数，思考一下只有"1 角"对应相等时需要检查的边可以减少到几条。首先来看"0 边 1 角"的情况。因为刚才"0 边 2 角"已无法保证两个三角形全等，所以"0 边1 角"显然更不能保证。

那么"1 边 1 角"对应相等的情况呢？

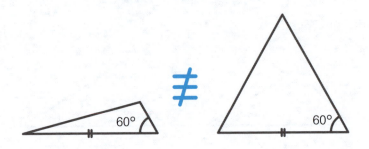

可以看到，同样能轻易找到不全等的例子。接下来是"2 边 1角"的情况。

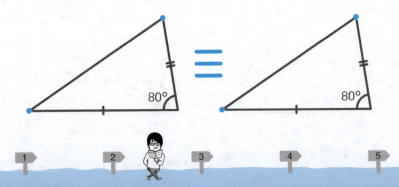

如果两条边和一个角对应相等，那么只要连接剩下的两个点，理论上就可以得到相同的三角形。因此，有人可能会认为"2 边 1 角"足以保证全等。

然而，这种想法是错误的。

如下图所示，**即使有一个角对应相等，只要这个角不是两条对应相等的边的夹角，画出右图中的圆后，角的一条边与圆就有可能出现两个交点**。也就是说，在这种情况下，可能会形成两种不同的三角形，因此不一定能保证全等。

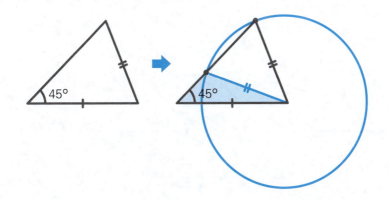

因此，在"2 边 1 角"对应相等的情况下证明全等需要增加限定条件："两条边的夹角对应相等时，两个三角形全等。"

在"不知道角度"的情况下，最少需要几条边对应相等

继续减少对应相等的角，思考一下"0 角"的情况会怎么样。"少于 2 边 0 角"的情况，显然存在太多例外。

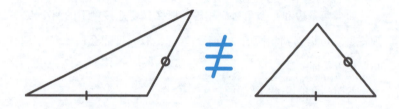

即使有两条边对应相等，如果角度条件不满足，也无法保证全等。那么，三条边都对应相等，即"3 边 0 角"的情况又如何呢？

把长度对应相等的三条边中的两边设为 a, b，如下面右图所示，就得到了两个能画出三角形的点。不过和刚才"2 边 1 角"的情况不同，这次画出的两个三角形翻转后能够重合，所以并非不同的三角形。

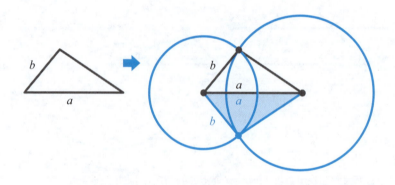

因此"三条边对应相等的三角形全等"。

应用题中经常自然而然地出现"有一个边长分别为 5 cm、8 cm、10 cm 的三角形"，大家是不是也产生过这样的疑问："这样的三角形真的只有一种吗？"然而，前述讨论可以证明，只要三条边的长度确定，三角形的形状就唯一确定。

不过，需要注意的是，并非任意三条边都能构成三角形。例如，"边长分别为 1 cm、8 cm、10 cm 的三角形"是不可能存在的。只有在能画出三角形的前提下，三条边的长度确定，三角形的形状才唯一确定。

证明没有反例

　　大家可能会像记咒语一样将上述三个能够证明三角形全等的条件当成口诀记住：**"两角及其夹边对应相等""两边及其夹角对应相等""三边对应相等"**。

　　当然，死记硬背也无妨，但本书更注重的是"为什么是这三个条件"，并对它进行了详细探究。也就是说，**从保证绝对全等的最全要素"3 边 3 角对应相等"开始，尝试最多减少到几个要素还能保证全等**。结果就剩下了这三个条件。

　　于是，在"2 边 1 角"和"3 边 0 角"的条件中，我们发现了一些可疑的例子。在这两个条件下都有可能画出两种三角形，但"3 边 0 角"的条件下两种三角形其实相同，而"2 边 1 角"的条件下确实存在反例，所以要对它增加限定条件——"两边及其夹角对应相等"。

　　因此，可以得出结论：**"只要满足全等条件，三角形的形状就唯一确定。"**例如，两条边边长分别为 3 cm 和 5 cm 且该两边夹角为 30° 的三角形就只有一种。也正因如此，我们才能依据这些条件来证明三角形全等。

第3步 三角形的相似条件 以全等为基础

初中生

像全等一样减少条件要素

接下来要确认"能证明三角形相似的条件"。正如"第1步"中指出的，相似是指扩大或缩小后全等，所以首先需要明确扩大和缩小的含义。

如下图所示有两个三角形，左边的图形扩大后就是右边的图形。

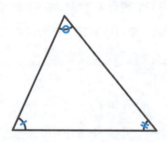

可以发现，三个角的角度均未发生变化。**无论图形扩大还是缩小，角度都不会改变。**

那么边长如何呢？假设一边的边长扩大到原来的2倍，那么另外两条边的边长同样会扩大到原来的2倍。这样的尺寸变化就是扩大（缩小同理）。

由此可以推出相似的条件是"三条边的对应比例相等（因为涉及扩大或缩小），三个角也对应相等，则三角形相似"。和全等的出发点稍有不同，能够证明两个三角形相似最全的要素为"3边比和3角"。

在角度的要素方面，由于"三角形的内角和为180°"，因此与证明全等时一样，要素可以减少，我们可以从"3边比和2角"开始验证。

1 2 3 4 5

"2 角"对应相等及"1 角"对应相等的情况

首先要知道一个大前提，尽管可以说两个三角形"1 边边长相等"，但不能直接说它们"1 组边长比相等"。以下图为例，边 a 和边 b 的长度比是边长比，如果不与其他边的边长比进行比较，就无法判断它们是"相等"还是"不相等"，所以只知道一边的边长比时，它们"只是两条长度不同的边"而已。

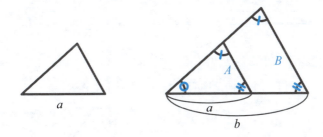

所以两个三角形的边长比有三种情况："3 边的边长比相等""2 边的边长比相等""所有边的边长比都不相等"。

那么当所有边的边长比都不相等，只有"2 角"对应相等时，情况如何呢？

和探究全等条件时一样，只要确定 1 边 2 角就能确定一个三角形的形状，所以如上图所示，无论边 b 的长度是多少，两个三角形都会像右图那样重叠。在这种情况下，边 A 与边 B 平行，3 个角对应相等。

其实只要两个角的角度对应相等，就不可能画出所有边长比都不相等的三角形，在此条件下，每条边的长度都会保持扩大或缩小的关系，因此可以说"只要有两个角对应相等，就是相似三角形"。

这个条件还可以叫作**"两角对应相等"**。

下面是"1 角"对应相等的情况。所有边的边长比都不相等，只有"1 角"对应相等时，和证明全等时一样，无法证明相似。接下来再看看"2 边比和 1 角"的情况。

首先，像下图这样 1 角并非两边夹角的情况如何呢？

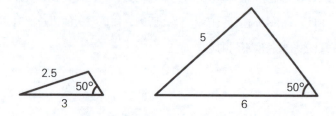

这两个三角形的 2 边的边长比都是 1∶2，一个角的角度对应相等，但是剩下两个角的角度明显不同，所以不能称为相似。

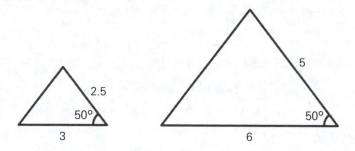

不过，当 1 角为边长比相等的两条边的夹角时，如下图所示，三角形就会重叠。

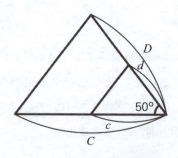

那么"边 C 和边 c"以及"边 D 和边 d"的比例必然相等，因此"两边比及其夹角对应相等的三角形相似"。

这个条件还可以叫作**"两边比及其夹角对应相等"**，几乎与全等条件相同，只是加了一个"比"字。

没有对应相等的角时，果然需要"3 边比"

最后是"0 角"的情况，看到这里，敏锐的人或许已经发现，**"全等图形可以看作 1 倍相似"**，所以如果脱离了满足全等条件的要素，相似也同样无法证明。那么在"0 角"的情况下，只有 2 边比相等果然无法证明相似。

在下图所示这种情况下，"边 E 和边 e""边 F 和边 f"分别是 2 倍关系，但是两个三角形明显不是扩大和缩小的关系。

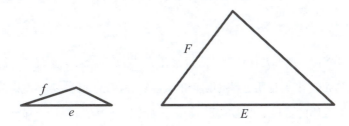

最后看一下"3 边比 0 角"的情况。

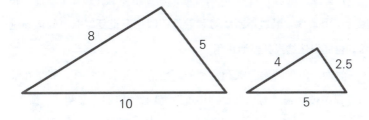

正如第 124 页提到过的，"边长分别为 5 cm、8 cm、10 cm 的三

角形"只有一种。

这时，满足 3 边比相等的条件，每条边的边长分别为原三角形的一半，"边长分别为 2.5 cm、4 cm、5 cm 的三角形"一定是原三角形缩小后的图形，因此二者相似。这个条件还可以叫作**"三边比相等"**。

与条件、公式、定理相比，"心情"和过程更重要

至此，我们已经验证了所有能证明图形相似的条件，其思路与"第 2 步"几乎一致。这是因为全等图形同样相似。

因此，**即使在试图证明相似时忘记了条件，也可以通过回顾全等的条件来回忆。**就像二元一次方程组可以转换为一元一次方程一样，这是类似于**"利用已知的内容推出未知内容"**的思路，也就是一种"既然能顺利证明两个图形全等，不妨试着用同样的条件证明相似"的"心情"。

然而，图形题往往设计巧妙，有时乍看之下会让人怀疑"它们真的相似吗"，证明过程也可能相当复杂。但无论如何，基本原则都是，**证明的基础是"没有反例"**——如果论证中存在漏洞，那整个证明就失败了。

作为应对的"武器"，我们可以记住三角形全等的三个条件和相似的三个条件。**通过不断练习和熟悉，即使不重复本书中的详细过程，也能记住结果并灵活运用。**

然而，就像理解公式和定理的"心情"很重要一样，如果在证明过程中被问到"为什么要这样说"，就必须能够详细阐述。所以，**如果说"应该记住什么"，比起作为结论的条件、公式和定理，更应该记住的是"心情"和推导过程。**

第4步

了解图形的性质，能够求出数值

初中生

从数学的角度看射门难度

不同的图形各自具有独特的性质。

之所以能够证明三角形全等与相似，正是因为三角形具备诸多性质，而这些性质可以被我们利用。**这条"图形之路"，也可以说是了解图形性质的"探索之路"。**

一旦了解了图形的性质，就能利用图形解决更多问题。例如在足球比赛中，球员在球场上踢球射门，将球踢进规定宽度的球门就能得分，而借助图形的性质，我们可以用数学方法量化出射门的难度。

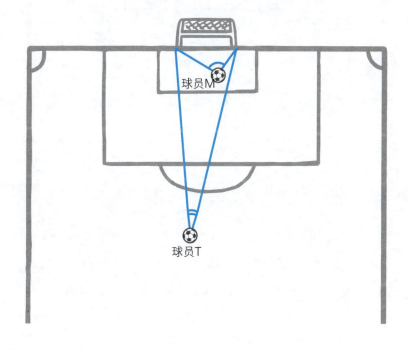

球员M

球员T

上页图中，在球员 T 的位置射门和在球员 M 的位置射门，哪种情况更容易进球？直觉告诉我们，更接近球门的球员 M 的位置更容易进球。从球门两端分别向他们的位置引直线，就会形成∠T 和∠M，由此似乎可以说**"角度越大，越容易进球"**。

接下来，如下图所示，我们在图中画这样一个圆。

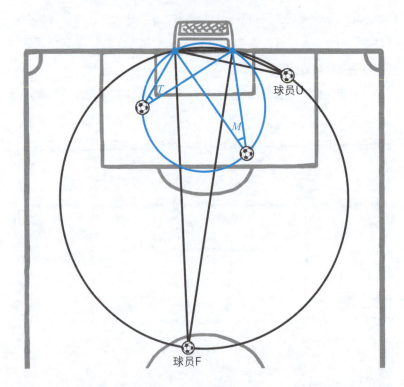

这个圆经过球门两端和射门位置。结论是：**在圆周上，∠T 和∠M 角度相同**。也就是说，正如一开始看到的，角度体现了进球的难度，既然角度相同，那么**从圆周上任意位置射门难度都相同**。有趣的是，几乎在球门正前方但距离远的球员 F 和距离球门近但角度小的球员 U，他们射门的难度是相同的。

当然，实际情况中，射门轨迹会随着踢球的力度和方式发生变化，还会受到风向等自然因素的影响，所以球并不会笔直前进。而且球门不仅有宽度，还有高度这一要素，因此这里说的并非精确的难度，关键在于**利用数学知识为看待现实问题提供一种分析视角**。利用圆这种图形的性质，我们可以得到角度这个数值，进而用它来分析体育比赛中进球的难度。

将问题转化为数值后，就可以进行比较，而且抛开足球的话题，数值化后还可以进行各种测量和计算，这一点非常重要。

"圆周角定理"的证明和陷阱

前文提到的"在圆周上，∠T 和∠M 角度相同"，这就是"圆周角定理"。换成学校里的说法，如下图所示，"同弧或等弧所对的圆周角相等"。

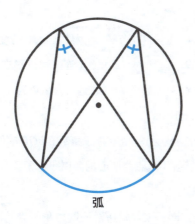

弧

为了加深对圆周角定理的理解，我们来进行证明。**关键步骤是"连接圆心 O 与圆周上的任意一点 P，并延长这条线"**。

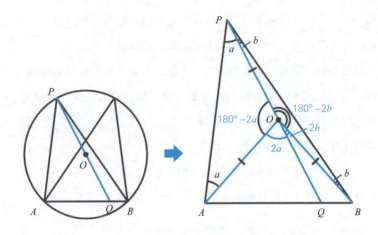

这样就会形成两个等腰三角形，即△AOP 和△BOP。因为边 OA, OB, OP 是圆的半径，所以它们的长度相等。而且根据小学学过的**等腰三角形性质"两底角相等"**，可知∠OAP 和∠OPA 相等。在等腰三角形中，底边是指与两腰长度不同的另一条边，在△AOP 中就是边 AP。

由于三角形的内角和为 180°，因此∠AOP 的度数为 180°-2a。另外，设连接 PO 后延伸的**"线段"**（连接两点形成的直线）为 PQ，就可以得到∠AOQ 的度数为 2a。这是因为平角为 180°，列出等式为**"180°-（180°-2a）=2a"**。

按照同样的思路，另一个等腰三角形△BOP 的外角∠BOQ 的度数为 2b。也就是说，**"顶点为圆心的角（圆心角）∠AOB 一定是圆周角∠APB 的 2 倍"**。

因此，对于"同弧或等弧所对的圆周角相等"这个结论，就这幅图而言，可以证明**"无论点 P 在圆周上的任何地方，圆周角都是固定的，而且其角度始终是圆心角的一半"**。

但是要注意，这个证明并不充分。即使你认为已经完成证明，

回过头来问一问"真的全都符合吗"依然十分重要。请以"O 的位置"为线索，思考片刻后再继续阅读。

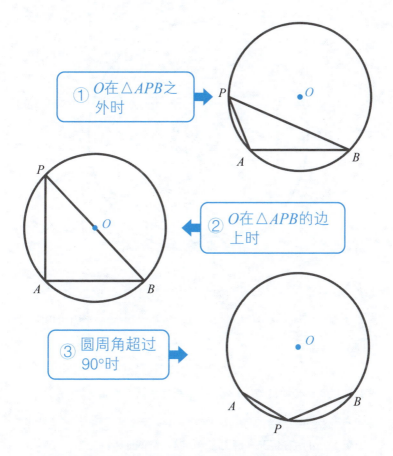

① O 在 △APB 之外时

② O 在 △APB 的边上时

③ 圆周角超过 90°时

实际上在刚才的证明过程中，我们擅自假设了圆心 O 在 △APB 内部的圆周角情况。其实还存在①～③这三种情况，所以还不能说"在任何情况下，圆周角都是圆心角的一半"，我们目前只证明了一种情况。

大家现在是不是会想"怎么还有三种情况要证明，好麻烦"？

我也觉得有些麻烦，毕竟思路一样，后面要做的几乎都是重复工作。

所以，这里就只尝试证明一下稍微特殊的情况③，如下图所示。

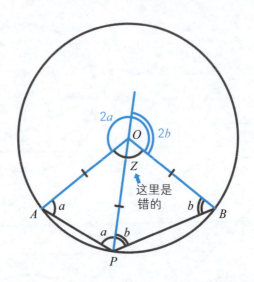

这里是错的

在这种情况下，形成圆周角的点 P 位于 A 和 B 之间，大家只需要注意"圆周角 $\angle APB$ 对应的圆心角在哪里"，上图中的 $\angle Z$ 是错的。

只要注意到这一点，证明步骤与之前都是相同的。利用两个等腰三角形和外角的性质（外角等于不相邻的两个内角之和），就能证明圆周角是圆心角的一半。

至于另外两种情况，请大家务必自己尝试证明。

▓▓▓ 了解图形性质的真正乐趣 ▶

初中学习的关于图形的代表性定理中，有一项"三角形中位线定理"。

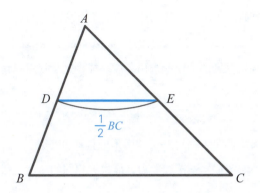

　　简单来说，假设有△ABC，边 AB 和边 AC 的中点分别是 D 和 E。这时，"DE 的长度是 BC 的一半"。这条定理当然可以证明，但过程比较枯燥，这里就省略了。

　　不过，我们直观上可以这样想，假设把这个三角形细分如下。

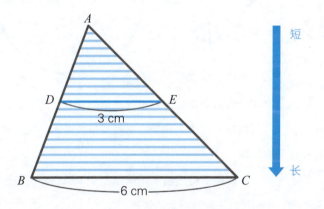

　　那么大家是不是会感觉从上到下的刻度线符合一次函数，也就是按照一定比例逐渐变长呢？**同时应该也会萌生出这样一种"心情"——希望正好处于中间的刻度线是最下方的边 BC 长度的一半**。实际证明后会发现确实如此，不过现在大家只要理解这份"心情"就足够了。

更重要的是，通过这条定理，我们可以从已知的边长推导出其他边的长度。例如，当边 *BC* 的长度为 6 cm 时，*DE* 的长度就是 3 cm。就像根据圆的性质能求出角度一样，这是**根据三角形的性质来求长度**。

接下来，再深入探讨一下"图形的性质和数值"。假设有四个点，像如下左图那样连接线段后，能得到相同的角度，那么这四个点是否能连接成一个圆呢？

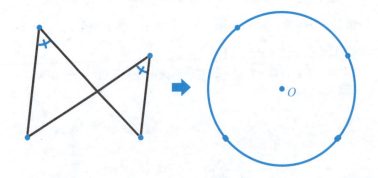

根据角度这个数值信息，可以推导出圆的存在。然后，根据这个圆的信息，可以推导出圆心位置、直径长度，进而再次回到测量和计算数值的步骤上。

综上所述，**了解图形性质的真正乐趣在于，通过数值与图形的相互转换，我们可以不断获得新的信息**。

第5步

（理论上）任何图形的面积都可以用正方形的面积求出

小学生、高中生

与高中数学相关的面积理解方式

我们已经探讨了图形的长度和角度，接下来聊聊面积。这个话题要从正方形面积的"定义"开始。所谓定义，是指数学中"就是这么规定的"，是无法再进一步证明的规则。

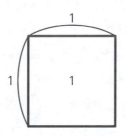

数学中规定："横 1 竖 1 的正方形的面积为 1，这样的正方形排列在一起组成某个图形，那么该图形的面积就是组成它的正方形的数量。"

因此，可以求出如下左图的面积为"3×3＝9"，右图的面积为"2×4＝8"，这就是正方形和长方形的面积可以用"长 × 宽"求出的原因。按照这个思路，用于计算面积的数并不局限于自然数。

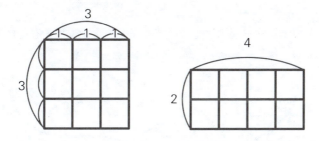

在这种情况下，如下页左图的面积为"1×0.5＝0.5"，右图的

面积为"**1.5 × 2.3＝3.45**",只要长、宽的数值为正,就能求出面积。

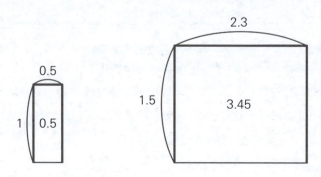

然而,日常生活中碰到的问题,尤其是想要测量面积的图形并不总是规则的正方形或长方形,更多的反而是各种各样不规则的图形。

例如,有一个如下图所示的形状不规则的池塘,若我们想要知道它的面积,应该用什么方法呢? 可以用正方形网格来划分它。这是因为,只要知道该图形中包含多少个正方形,就能知道它的面积。

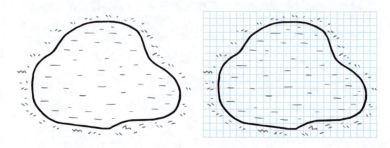

但由于形状不规则,有些区域能完整包含正方形,有些区域则只是部分包含,因此无法精确计算面积。

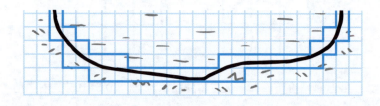

不过，通过探索边界，可以为整个池塘画出如下图所示的蓝线。

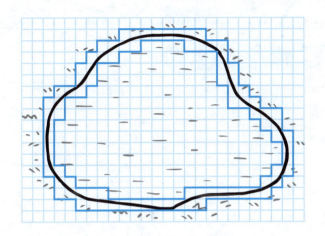

可以看出，池塘的面积处于外侧线和内侧线之间。而且，**正方形网格越细密，划分的线就越精确**。也就是说，外侧线和内侧线会越来越接近，从而能够更准确地计算面积。

这种方法虽然显得笨拙且烦琐，**计算量也非常大，而且只能得到近似值，但它适用于任何图形**，因此非常重要。

在高中数学里，这种思路会演变成一种名为"积分"的"武器"。只要能理解池塘面积问题，即便是中小学生，也能理解积分的概念。其实市面上也有类似的书，大家不妨找来看看。

不过，尽管这种方法适用于任何图形，但在遇到更简单的图形，如平行四边形、三角形和圆时，想要更快、更准确，并且更方便地求出它们的面积也是人之常情，而数学发展的历史正是为了满足这种"心情"而不断创造出"武器"的过程。

第6步 三角形的面积——公式证明和多边形应用

证明三角形面积公式

探讨完正方形，接下来思考三角形的面积。

想必大家在数学课上学过三角形面积的公式："**底 × 高 ÷ 2＝三角形面积**"，不过还请思考一下"为什么是这样"。

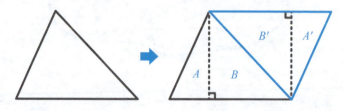

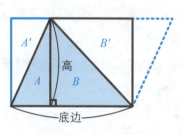

如图所示，把两个相同形状的三角形组合起来，形成一个平行四边形。然后，将△A'移动到左边，就会得到一个长方形，这个长方形的宽等于三角形的高，长等于三角形的底边。因为△A与△A'全等，△B与△B'全等，所以三角形的面积是长方形面积的一半，需要除以2。

直观上还可以如下图这样思考。

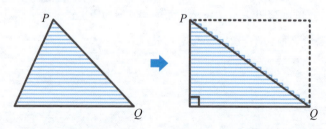

把三角形细分，可以想象"如果底边靠在直角墙壁上向里推，大概是长方形的一半"。这就如同测量不规则池塘面积的思路，切分得越细，线段 PQ 就越平滑，这同样也是积分的思路。

▨ 多边形真的能分割成三角形吗 ▶

既然能求出三角形的面积，那么就能求出所有多边形的面积，因为"多边形可以分割成三角形"。

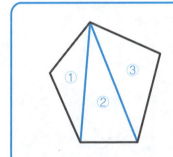

· 面积为①+②+③
· 角度（内角和）为三角形内角和180°×三角形的个数（图中为3个，所以要乘3）

如果只是这样简单地总结，未免有些无趣，所以我们来提一个问题。

 题目

"任选一个顶点，把它和其他顶点用直线相连，所有多边形都能分割成三角形。"

请纠正这句话中的错误。

虽然我们说过多边形可以分割成三角形，但是这真的在任何情况下都可以吗？希望大家能够思考一下这个问题。

可以用图形来说明题目中的"错误"。

左边是一个七边形，把一个顶点与其他顶点用直线相连，确实可以分割成 5 个三角形。但既然题目中的说法是错误的，也就是说必然存在反例，所以**"就要找出无法用这种方法分割的多边形"**。如果能明确这个目标，说明你已经很好地理解了这个题目。给大家一个提示，"四边形中也存在反例"。

看到这里，大家或许会恍然大悟。凹四边形的顶点与顶点相连后，有些线段并不在图形内部，比如下图左图所示四边形的顶点。

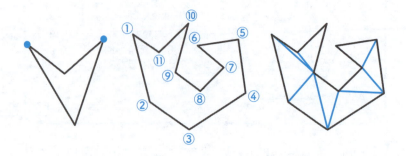

中间的图是一个有很多凹角的十一边形，这个图形光是要把一个顶点和其他顶点用直线相连就很困难。不过，如果不考虑难处强行相连，确实可以像右图那样分割成 9 个三角形。

也就是说，**尽管多边形确实能够分割成三角形，但是很难证明这个说法在任何情况下都成立**。题目中的说法可以改成"在所有角都小于 180° 的凸多边形中成立"。像这样，**在理解给定的说法或自己进行证明时，要养成关注条件的习惯**。顺便一提，"所有多边形都能分割成三角形"这一命题的证明，需要用在高中数学之后掌握的"武器"才可能完成。感兴趣的人可以查阅"三角形分割"的相关资料。

第 7 步 圆面积的"无限接近准确的解释"

小学生

证明圆面积公式的难处

第 73 页已经提到，小学生学到的圆面积公式是"半径 × 半径 × 圆周率"，中学生学到的是"πr^2"。然而，如果深入思考"为什么是这个公式"，就会发现其中有许多深奥的内容。

实际上，关于"圆周率"，能用一句话就解释清楚的人并不多。圆周率是"圆的周长与直径的比值"。第 46 页已经提到，圆周率是无理数 3.14159…，因为计算复杂，所以在初中时会写成 π。用公式表示如下。

$$\pi\,(\,\text{圆周率}\,) = \frac{\text{圆的周长}}{\text{直径}}$$

等式两边同时乘以"直径"就能明白，这个公式之所以能成立，是因为"$\pi \times$ 直径 = 圆的周长"。这又是什么意思呢？意思就是"圆的周长与直径成正比"。

表示比例的等式是"$y = ax$"，π 相当于 a，因为 π 是定值，所以圆的周长与直径成正比。

接下来，我们本该继续去验证"π 是定值，约为 3.14"这个说法，但这个过程极为复杂，所以这里就暂且先接受它。

现在，回到圆面积的话题。从结论上来说，**既然证明 π 值有些**

困难，那么证明圆的面积是 πr^2 同样有一定难度，不过，我们可以给出一个"无限接近准确的解释"。

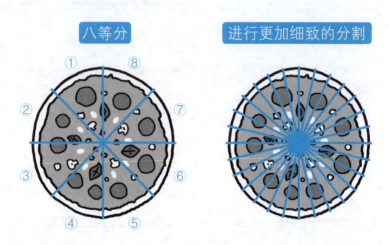

将一个半径为 r 的比萨八等分，或者进行更加细致的分割，然后把切下来的比萨上下交替排列。

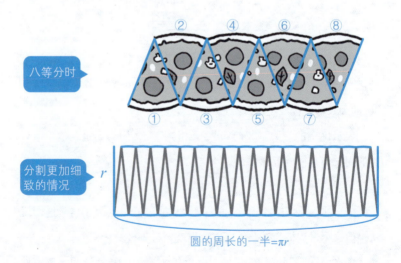

　　对比二者可知，分割得越细致，排列后的形状越接近长方形。因此可以认为，将圆无限细分，它就可以变成一个近似的长方形。

　　这个长方形的宽为 r，长是圆周的一半 πr，所以这个原本是圆的长方形的面积就是"$r \times \pi r = \pi r^2$"。

　　顺便一提，之所以说长方形的长是"圆周的一半"，是因为长方形上下两边加起来就是圆周。前面说过，圆周的长度是"**π × 直径**"，而直径是半径 r 的 2 倍，即 $2r$，因此圆周的长度是"**$2\pi r$**"，圆周长度的一半就是 πr。

　　此外，还有如下图所示的另一种思路。

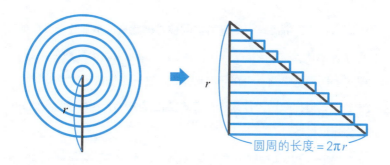

圆周的长度 $= 2\pi r$

　　像用圆规以同一个圆心画圆一样切比萨，再用半径 r 切割分解成带状，然后将它们按顺序排列起来。

　　在这种情况下，同样是切得越细，排列后组成的形状越接近直角三角形。上方右图直角三角形的底边长度相当于比萨的圆周的长度，也就是 $2\pi r$，高度是半径 r。

　　代入三角形面积公式，就能得出"$2\pi r \times r \div 2 = \pi r^2$"。

东京大学入学考试中的小学数学问题

 题目

证明圆周率大于 3.05。

现在，让我们来探讨一下"序章"中提到的东京大学入学考试问题。虽然前文提到证明"π 是定值，约为 3.14"有一定难度，但这道题也可以看成"要尽可能地接近这个数值"。

实际上，这个问题的知名程度堪称"传说"级别，现在我还一脸得意地讲它，多少有点儿不好意思，不过还是来讲讲它成为传说的缘由吧。

原因在于，解决这个问题所需的核心创意来自小学数学，也就是前文提到的比萨问题。这里的"创意"并非需要天才般的灵感，而是说要明白这道题真正在问的是什么。它其实是在问："你知道圆面积公式，但你知道为什么这个公式是这样吗？小学数学课本里讲过，你还记得吗？"

假设下面左图中圆的半径为 r，圆的周长为 a，尝试将圆六等分。

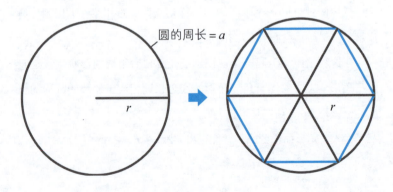

圆的周长 $= a$

　　然后，连接圆周上的相邻点，这样就能得到一个六边形和六个
三角形。

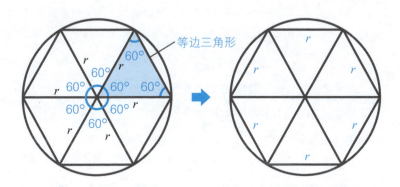

　　这六个三角形将一个 360° 的角平均分成了 6 份，所以每个三角
形至少有一个角是 60°，在这种情况下，另外两个角也是 60°，即这
些三角形都是等边三角形。因此，三角形的所有边长都等于半径 r
（两边边长为 r 的三角形是等腰三角形，三角形的内角和为 180°，所
以另外两个角的和为 120°。第 134 页已经提到，等腰三角形的两个
底角相等，所以另外两个角都是 60°。等边三角形的三个内角都是
60°，三条边的边长相等）。

　　因此，这个六边形的边长总和就是 6 个 r，即 6r。比较 6r 和圆
的周长 a，可以知道 6r 更短，因为六边形在圆周的内侧。

　　于是可以得到这样的关系。

$$a > 6r$$

　　不过，圆的周长是 2πr，假设圆周率 π 像题目中那样是 3.05，那
么圆的周长就是"2 × 3.05 × r=6.1r"。因为要证明 π 大于 3.05，所

以至少要证明圆的周长比 6.1r 大，仅用 6r 还不足以完成证明。

　　另外，假设将 6r 看成圆的周长 2πr，可以写成"6r=2 × 3 × r"，π 相当于 3。实际上圆周比 6r 更长，所以将圆六等分可以证明圆周率"大于 3"，但无法证明"圆周率大于 3.05"。

　　前面讲过，"比萨切得越细致，精确度越高"，这里直接说结论，尝试将圆八等分可以证明"圆周率大于 3.05"。虽然现在还做不到，但如果使用接下来将在"第 8 步"中讲到的"勾股定理"，即使是初中生也能设法证明这道题。

　　如果掌握了从高中数学中所学的"武器"，证明起来就会更简单。"武器"越多，我们能够做到的事情也就越多。

专　栏

"无限"是危险的概念

　　到目前为止，我多次提到将三角形或比萨等图形"无限"分割，这种方法非常便于我们直观理解概念，但它同时也蕴含着危险。例如，有这样一道题。

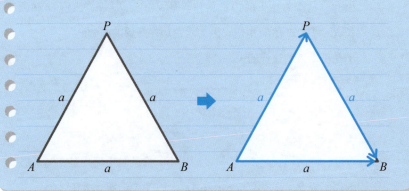

假设有一个边长为 a 的等边三角形。从 A 到 B 的直线路径长度为 a，从 A 经过 P 到达 B 的路径要经过两个 a，因此长度为 $2a$。

将这条路径弯折一次，就会得到下图中的左图。AQ 为 AP 的一半，因此长度是 $\frac{1}{2}a$。那么 $A \to Q \to R \to S \to B$，像这样经过三次弯折后，路径长度是多少呢？因为经过了 4 个 $\frac{1}{2}a$，所以长度还是 $2a$。

然后，像下图中右图所示那样继续弯折，得出 4 个边长为 $\frac{1}{4}a$ 的三角形，同样地，经过七次弯折后到达 B 的路径要经过 8 个 $\frac{1}{4}a$，所以长度依旧是 $2a$。

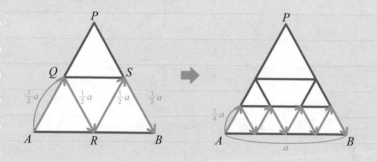

如果将这个过程"无限"重复下去，会怎样呢？

"会逐渐接近边 AB！"

好像应该是这样，但不觉得有哪里不对劲吗？

"AB 的长度为 a……"

没错，原本长度为 $2a$ 的路径最终却趋近于 a，这显然很奇怪。

这就是"无限理论"中有时会蕴含的危险。

第8步 "勾股定理"证明总结

初中生

平行线上的三角形性质

求面积时有一个非常方便的"武器"：**"底边固定时，两平行线之间的三角形面积相等"**，如下图所示。

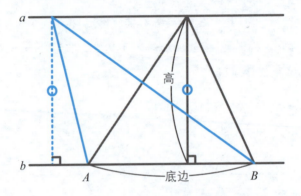

也就是说，以 *AB* 为底边的两个三角形面积相等。因为直线 *a* 与直线 *b* 平行，所以两个三角形的高度相等，而既然两个三角形底边长度和高度都相等，那么它们的面积，即"底边 × 高 ÷ 2"自然也相等。

三角形的这条性质的应用场景很多，建议牢记。第 79 页提到了"只要田埂的宽度一致，无论是笔直的还是倾斜的，面积都一样"，它与这条性质的思路一样。

"勾股定理"的"心情"

我们已经学习了图形的各种性质，可以根据这些性质思考足球射门的难度，还能求相应的长度和面积。在证明面积公式时，我们也运用了图形的各种性质。

接下来将要讲到的美妙定理——"勾股定理"同样如此。这是求长度时很好用的"武器"，而证明它同样需要借助图形的性质。

"序章"中已经提到，勾股定理表示直角三角形边长的关系，其公式如下。

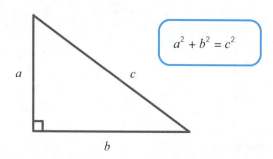

$$a^2 + b^2 = c^2$$

我觉得这个定理很美妙。像三角形中位线定理和圆周角定理这类的定理，它们的证明虽然困难但不违反直觉，也就是说，感觉上好像应该就是这样的。

然而，勾股定理首先给人的感觉是"为什么它会成立呢"，会让人感到惊讶。当然，这也可能只是我个人的感觉罢了。

关于这个定理是如何被提出的，数学史上说法不一。有一种说法是，人们可能早就注意到像"$3^2+4^2=5^2$"这样的关系存在，并且意识到"如果这种关系成立，那么就会形成一个直角三角形"。

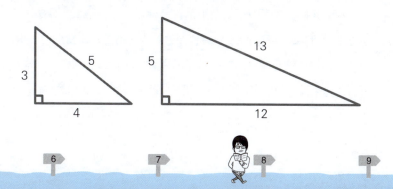

自然而然地，大家会期待这种关系"不仅适用于特殊数字，还能普遍适用"，而从实际需求的角度来看，**"想要测量距离"的"心情"**也是催生该定理的一个重要动机。

如今，勾股定理已经得到证明，我们可以利用它在地图上测量两点之间的距离。即使没有尺子，我们也可以通过经度和纬度来计算距离（由于地球是球体，因此会存在一定误差）。

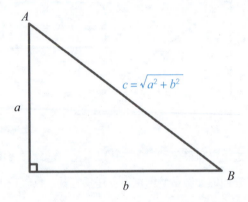

根据平方根的知识，我们已经知道"$2=x^2$"的解为"$x=\pm\sqrt{2}$"，按照同样的思路，既然"$a^2+b^2=c^2$"成立，那么就可以得出"$c=\sqrt{a^2+b^2}$"。因此只要知道直角三角形的底边和高，就能求出斜边的长度 c。

尽管我们已经学习了三角形的许多性质，并在第 139 页探讨了正方形的面积，但我们完全没有提及边长为 1 的等边三角形的面积，而按理说这应该是一开始就会涉及的内容。为什么会这样呢？这是因为，如果没有勾股定理这件"武器"，就无法求出三角形的高。

设边长为1的等边三角形△ABC的
高为*a*

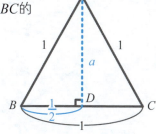

在△ABD中使用勾股
定理……

$$a^2 + \left(\frac{1}{2}\right)^2 = 1^2$$

$$a^2 = 1^2 - \left(\frac{1}{2}\right)^2 \quad \leftarrow \left(\frac{1}{2}\right)^2 \text{移项}$$

$$\Rightarrow \quad a = \sqrt{1^2 - \left(\frac{1}{2}\right)^2} \quad \leftarrow a > 0$$

$$= \sqrt{\frac{3}{4}} = \frac{\sqrt{3}}{2} \quad \leftarrow \text{得出高的值!}$$

代入三角形面积公式……

$$1 \times \frac{\sqrt{3}}{2} \div 2 = \frac{\sqrt{3}}{2} \times \frac{1}{2} = \frac{\sqrt{3}}{4} \quad \leftarrow \text{得出等边三角形的面积值!}$$

由此可见，**勾股定理是数学学习中不可或缺的重要定理**，它几乎无处不在。

用三角形性质和全等完成证明

前面铺垫得有点儿长了，接下来讲讲为了更好地运用这件"武器"而进行的证明。与求根公式等内容相比，勾股定理因为太简单而更容易记忆，所以大家往往认为它"不需要证明"，当然事实并非如此。

首先，来看一个经典的证明方法。

要想证明勾股定理，"关键"在于下面这幅图。这幅图上是一个三边长度分别为 a，b，c 的直角三角形，并且画出了每条边对应的正方形。

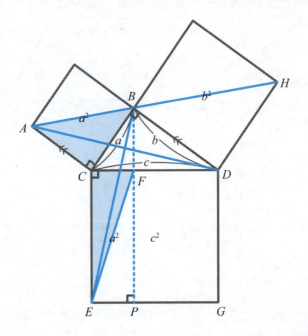

那么各个正方形的面积就是 a^2，b^2，c^2，因此证明的思路是确认"**面积 a^2 与 b^2 的和为 c^2**"。为此，我们引出线段 BP，证明"长方形 $CEPF$ 的面积为 a^2，长方形 $DGPF$ 的面积为 b^2"。

提前透露一下，这项证明将大量使用三角形的全等条件和前文提到的性质"底边固定时，两平行线之间的三角形面积相等"。

首先，画出线段 AB。由于 AC 和 BD 平行，因此以 AC 为底边的 $\triangle ABC$ 与 $\triangle ADC$ 面积相等。

接下来固定点 C，将 $\triangle ADC$ 顺时针旋转，得到 $\triangle BCE$，二者全等。原因在于，正方形的两条边 AC 和 BC 长度相等，CD 和 CE 同样长度相等，而且 $\angle ACD$ 和 $\angle BCE$ 也相等，因为它们都是 $90°$ 角加上共享的 $\angle BCD$。

三角形的全等条件有"两边及其夹角对应相等",所以二者全等。

最后,再次利用"底边固定时,两平行线之间三角形面积相等"的性质。由于 CE 与 BP 平行,因此以 CE 为底边的 $\triangle BCE$ 和 $\triangle FCE$ 面积相等,对吧?

现在我们再回到最初的 $\triangle ABC$ 上,能够计算出它的面积是 $\frac{1}{2}a^2$,又因为我们推导出了 $\triangle ABC$ 与 $\triangle FCE$ 面积相等,所以可以说"长方形 $CEPF$ 的面积就是它的 2 倍,为 a^2"。

用完全相同的步骤,可以证明"长方形 $DGPF$ 的面积为 b^2"。首先画出线段 BH,也就是证明"$\triangle HBD$ 和 $\triangle HCD$ 面积相等"。虽然这里没有完整演示所有证明步骤,但用这种方法确实能够证明"$a^2 + b^2 = c^2$"。

用面积与展开完成证明

勾股定理还可以用正方形的面积证明。

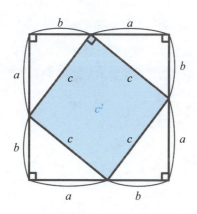

这幅图由 4 个三边长分别为 **a，b，c** 的直角三角形组成，于是形成了两个正方形。

大正方形的面积是 "$(a+b) \times (a+b)=(a+b)^2$"。

小正方形的面积是 "$c \times c=c^2$"。

4 个直角三角形的面积是 "$a \times b \div 2 \times 4=2ab$"。

小正方形的面积等于大正方形的面积减去 4 个直角三角形的面积，对吧？

因此，就有如下等式成立。

$$c^2=(a+b)^2-2ab \quad \leftarrow \text{小正方形的面积=大正方形的面积-}$$
$$\text{4个直角三角形的面积}$$

$$\Rightarrow c^2=a^2+2ab+b^2-2ab \quad \leftarrow \text{展开}$$

$$\Rightarrow c^2=a^2+b^2 \quad \leftarrow \text{勾股定理}$$

这种证明方式更简洁。不过，无论是哪种证明方法，**证明的"关键"** 都是最初的那幅图。

数学领域基本不会出现"证明方法只有一种"的情况。 据说证明勾股定理的方法有几百种，所以即使对于现在拥有"武器"还较少的中小学生来说，随着知识的不断增长，同样也能用更多方法完成证明。

用勾股定理解决东京大学入学考试题

大家已经掌握了勾股定理，学校在教勾股定理时应该会一起教如下直角三角形。

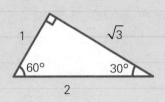 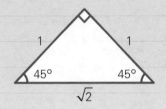

它们的形状与我们常用的三角尺相同。

要想用勾股定理来解第 148 页的东京大学入学考试题，请先记住上方右图所示的直角三角形。

解题思路是将圆八等分得到一个八边形，求八边形的边长 x，然后证明"圆的周长大于 x 的 8 倍"。

如下面右图所示，取出包含 x 的三角形。要想求这个三角形的高，前面提到的底角为 45° 的三角尺就会派上用场。

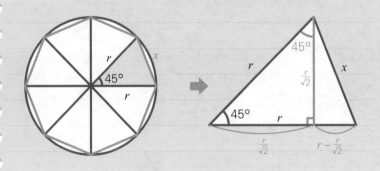

也就是说，左侧等腰直角三角形的三边比例是 $1:1:\sqrt{2}$，图中最长的边是 r，那么三边比例 $\dfrac{r}{\sqrt{2}}:\dfrac{r}{\sqrt{2}}:r$ 成立。如果不理解，也可以设高为 a，通过 "$a^2+a^2=r^2$" 计算 a，同样也能得到 $\dfrac{r}{\sqrt{2}}$。

至此，我们已经知道了包含 x 的小直角三角形的三边长度。底边长度为半径 r 减去 $\dfrac{r}{\sqrt{2}}$。利用勾股定理可以得出以下等式。

$$\left(\frac{r}{\sqrt{2}}\right)^2+\left(r-\frac{r}{\sqrt{2}}\right)^2=x^2$$

因为计算有些复杂，所以这里省略，得到的结果是 "$x=\sqrt{2-\sqrt{2}}\,r$"。只要勤加练习，初中生也能轻松求出。

那么 $\sqrt{2-\sqrt{2}}\,r$ 是多少呢？ $\sqrt{2}$ 大约为 1.414，因此 $\sqrt{2-\sqrt{2}}\,r$ 大约为 0.765r。可知它的 8 倍，也就是八边形的周长**约为 6.12r**。

这意味着什么呢？假设圆周率是 3.05，那么如第 149 页计算的那样，圆的周长为 6.1r，而八边形的周长应该比圆的周长短，结果显然不符合实际。

那么，由于 "圆的周长 a> 八边形周长**约 6.12r**> 圆周率为 3.05 时圆的周长 6.1r"，因此只使用初中的 "武器" 就能证明 "圆周率大于 3.05"。

第9步 只要图形相似，就能根据比例求出体积和面积

初中生

"真的是大份吗？"

在餐厅点一份大份套餐，或者买标有"加量 50%"的商品时，大家会不会觉得量比想象中少？

相反，只吃拉面觉得没吃饱，又点了半份炒饭，这时又会觉得"这是半份吗，怎么这么多"（我就遇到过这种情况）。

为什么会出现这种"想象中的分量和实际看到的有差距"的反差感呢？

利用数学知识解决这些日常小疑问，就是本节要讲的内容。

假设下图中普通份的米饭被放大至原来的 1.5 倍，就变成了大份米饭。也就是说，它们是相似关系。

普通份　　　　　　大份

米饭的量指的是"体积"。虽然之前没有提到体积，但它与面积的概念类似，其定义如下。

长 1、宽 1、高 1 的立体正方形叫作"立方体"，体积是"长 × 宽 × 高"。

　　如下图所示，把左边立方体的边长扩大至原来的 2 倍，得到右边立方体。扩大前后的比例叫作"相似比"，因为此处是扩大到了原来的 2 倍，所以相似比为"1∶2"。

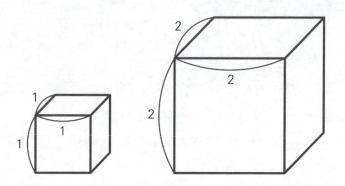

　　另外，左边立方体的体积是"1 × 1 × 1=1³=1"，右边立方体的体积为"2 × 2 × 2=2³=8"。

　　于是可以总结出，如果两个图形相似，且相似比为"$a∶b$"，那么它们的体积比为"$a^3∶b^3$"。

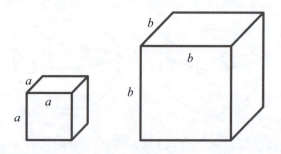

　　看到这里，细心的读者可能会问："这句话真的适用于任何立体图形吗？"不过，这需要用大学才能得到的"武器"来证明，所以我们在这里不进行证明，但毫无疑问，对于任何立体图形，相似比和体积比的关系都是成立的。

　　现在再来思考开头提到的大份比想象中量少的问题。大份米饭的体积相当于普通份米饭的 1.5 倍，那么普通份米饭和大份米饭的体积比为"1∶1.5"，于是以下关系成立。

由于体积比"$a^3∶b^3$"是"1∶1.5"，
普通份米饭　　　　大份米饭
⇒ 相似比"$a∶b$"为"1∶$\sqrt[3]{1.5}$"

　　第 42 页已经提到，$\sqrt[3]{1.5}$ 叫作 1.5 的立方根，即自乘两次后等于 1.5 的数。实际计算这个数很麻烦，而且也不是重点，所以这里直接说答案，约为 1.14。

　　这里想说的是，由于相似比约为"1∶1.14"，**因此即使大份米饭的分量是普通份米饭的 1.5 倍，但从相似比也就是外观尺寸来看，大份米饭大概只是普通份米饭的 1.14 倍，二者差距只有约 14%**。

　　从数学角度思考，"大份看起来好像比想象中少"这个疑问就得到了解答。当然，这并不是商家的错，只是视觉上的错觉罢了。

　　顺便一提，半份炒饭的情况如下。因为体积比是"1∶0.5"，所以相似比为"1∶$\sqrt[3]{0.5}$"，$\sqrt[3]{0.5}$ 约为 0.79。

　　也就是说尽管是半份炒饭，外观尺寸依然有普通份炒饭的 80% 左右，所以看起来很多。

各种图形的"面积比"

　　既然有体积比，当然也有"面积比"。

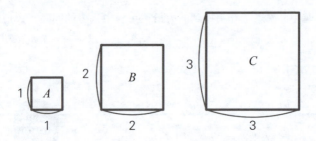

在上图所示的三个正方形中，B 的边长是 A 的 2 倍，C 的边长是 A 的 3 倍，也就是说，A, B, C 的相似比是 "$1:2:3$"，面积比为 "$(1=1^2):(4=2^2):(9=3^2)$"。总结可得，当相似比为 "$a:b$" 时，面积比为 "$a^2:b^2$"。体积是立方，面积是平方。

下面再来看看这组关系在其他图形中是否同样成立。三角形怎么样？

如下图所示有两个三角形，底边的相似比为 "$a_1:b_1$"，高的相似比为 "$a_2:b_2$"。不过，由于这两个三角形相似，因此它们之间的比例相同。也就是说，如果底边是 2 倍关系，那么高也是 2 倍关系，所以可得 "$a_1:b_1=a_2:b_2$"。

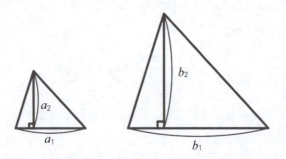

面积比是 "$(a_1 \times a_2 \div 2):(b_1 \times b_2 \div 2)$"，但因为这里讨论的是比例而非大小，所以无须考虑 "$\div 2$"，完全可以把面积比写成 "$a_1{}^2:b_1{}^2$"，与正方形的结果相同。

两个圆总是相似的，那么圆的面积比如何呢？下图所示的两个圆的相似比为"**$a:b$**"，面积比为"**$\pi a^2:\pi b^2$**"，由于这里只求比例不求面积，因此可以忽视 **π**，变成"**$a^2:b^2$**"。

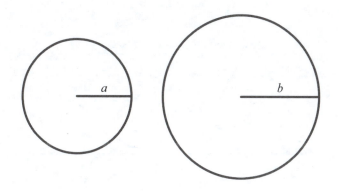

结果果然与正方形一致。

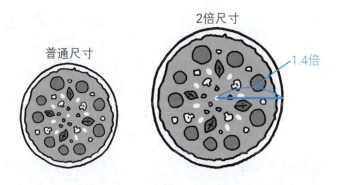

顺便一提，如果有"比萨加倍"的促销活动，也就是面积比为"$1:2$"，那么其相似比为"$1:\sqrt{2}$"。

大家知道 $\sqrt{2}$ 大约是 1.4，所以只要明白"半径大约是普通尺寸的 1.4 倍"，在看到实物的时候就不会感到愤慨，认为"完全没到 2 倍"了。

至此，"图形之路"的内容已经探讨完毕。那么，这条道路在高中数学里会如何进化呢？以勾股定理为例，它适用于直角三角形。

如果有人看到下图的非直角三角形，能够产生"我想知道边长"的"心情"，那么他也许会发明新方法，获得新"武器"。

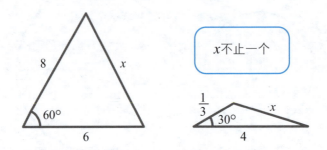

再比如，我们已经讲过将各种图形切割细分，这会拓展到与积分相关的内容。

另外，常与积分一同被提及的还有名叫"微分"的"武器"。在中学阶段，我们学习图形的角度、长度、面积、体积等性质，而通过微分，我们还能了解"切线"等性质。

此外，从"向量""矩阵""复平面""坐标平面"等不同角度出发，我们对图形能做的研究也越来越多。

归根结底，"图形之路"与其说是"一条路"，不如说是"众多与图形相关的路"。

正因为如此，它在高中可以向各个方向拓展延伸，加深我们对各种图形的理解。

第5章

概率之路

第一步 不知为何总被误解、错用的"概率"

初中生

当心陷阱和主观臆断

"概率"与日常生活中的比赛、赚钱等人们特别热衷的事情有关，是从数学角度思考其中的"心情"、运气和可能性。因此，比起图形之类的内容，对概率感兴趣的人或许会更多。

首先，用骰子来讲讲概率的基本概念。

有一个没有做过任何手脚，标有 1~6 点的普通骰子，那么其掷出每个点数的概率是均等的，比如掷出点数 1 的概率是六分之一，这一点大家应该都能理解。涉及运气和可能性等要素时，"某件事情发生的比例"就是概率。

虽然这听起来非常显而易见，但正是概率这一概念，常常被人们误解和错用。这种误解可能会导致严重的损失。换个角度看，概率中隐藏着许多陷阱，请大家务必谨慎对待。

将一个骰子掷五次，假设如下图所示依次掷出"5 → 3 → 1 → 2 → 4"，下次会掷出 6 吗？答案是不一定。六分之一的概率并不意味着每掷六次就一定会出现一次。

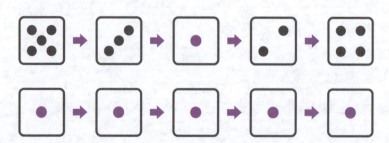

再比如，如果连续掷出"1→1→1→1→1"，那么下一次会出现 1 以外的点数吗？答案同样是不一定。

即使大家心里明白这是理所当然的道理，但当看到骰子掷出的结果时，还是会产生诸如"势头来了"这类偏向自身的错觉，认为"还没出现过的数字下次会出现"，这种主观臆断是人类的天性。

在比赛一直输的时候，很多人会相信下次一定能赢，这同样是对概率的一种误解。

当然，如果是体育比赛，所谓"势头"会涉及人的行为和很多更加复杂的因素，不能一概而论地说它不存在，因为这已经超出了概率的范畴。

当然，像"1→1→1→1→1"这样的极端情况确实有可能发生，但如果发生频率过高，会让人怀疑存在作弊行为，此时可以借助高中数学中的"统计"来进行验证。不过从概率的角度来说，这种极端情况确实可能发生，并且可以通过计算得出具体的数值。

综上所述，**概率有时会违背我们的直觉，但其核心在于比例**。既然是比例，就可以通过计算得出具体的数值，既不会多，也不会少。

因此，"概率之路"是在各种各样的情况下，掌握"武器"，计算准确概率的"道路"。

第2步 对"等可能性"保持敏感

初中生

比例：分母错则结果错

"结果只有成功和失败两种，所以概率是50%！"

"是生是死，一半一半……"

大家听过这样的话吗？如果是为了鼓励或者安慰自己，当成玩笑说说倒没什么，但如果有人真这么认为，那就很糟糕了，因为"成功"和"失败"本来就不是等可能发生的事情。

从数学角度来看，这些说法忽略了"等可能性"，是一种错误的推论。"等可能性"意味着"每种情况发生的概率相同"。

基于此，我们来思考下面这个问题。

❓ 题目

抛两枚硬币，都是正面的概率是多少？

最常见的错误答案是$\frac{1}{3}$。为什么是错的呢？这是因为，他们认为硬币的排列方式如下。

① "正面、正面" ② "正面、背面" ③ "背面、背面"

但是，从①②③是否真的"等可能"，或者说"发生的可能性是否相同"这个角度来审视，就会发现落入了陷阱。没错，本来情况②中还应该包含"背面、正面"。也就是说，在这种错误的思考方式下，忽略了②发生的可能性是①或③的两倍这一事实。

因此，出现"正面、正面"是这四种等可能情况中的一种，因此正确答案是出现概率为 $\frac{1}{4}$，即 25%。

那么下面这道题如何呢？

❓ 题目

> A 先生有两个孩子，如果问他"你有儿子吗"，他的回答是"有"。那么两个孩子都是男孩的概率是多少？

为谨慎起见，这里要先说明一下，实际上男孩和女孩出生的概率并不一样，但在这道题中我们暂且假设其概率相同。

这道题比上一道题更难，在"第 6 步"中也会讲到，这是"有条件的概率"，条件是"两个孩子中有一个男孩"。在此基础上，如果大家认为这道题问的是"另一个孩子是男孩的概率"，就落入了陷阱。

既然一个孩子是男孩，那么"男、男"和"男、女"这两种情况是等可能的吗？如果是，那么答案就是 50%。然而事实并非如此。像硬币问题一样，还有"女、男"这种情况。既然出生有顺序，那么姐弟和兄妹出现的可能性相同。

按照和硬币问题同样的思路，答案是 25% 吗？也不是。因为题目中加入了条件，所以不存在"女、女"的可能性。

因此，这道题有三种等可能情况，分别是"男、男""男、女""女、男"，其中两个孩子都是男孩的概率为 $\frac{1}{3}$，大约是 33%，这就是正确答案。

"概率是比例问题"，正因为如此，如果弄错了分母，就无法得到正确的计算结果。因此，我们必须格外注意分母的选择。

第3步 "树形图"——感到困惑时就写出来

虽然麻烦，但绝对可靠

接下来讲讲大家都非常熟悉的游戏——猜拳。

两个人猜拳，平局的概率是多少？这应该很快就能得出，两个人出相同手势的概率是$\frac{1}{3}$。

那么，三个人猜拳，平局的概率又是多少呢？由于结果可能出现的情况变多了，而且所有人手势各不相同的情况也属于平局范畴，因此问题显得稍微复杂了一些。

这种时候，有一种绝对可靠的"武器"，那就是**"树形图"**。简单来说，就是"把所有可能性全部写出来"。这种方法虽然看起来有些笨拙，但在概率计算中非常实用。

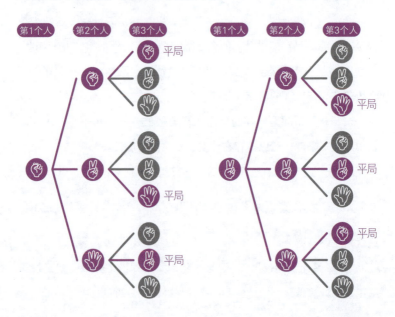

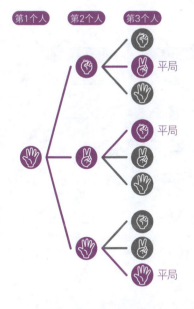

第1个人　第2个人　第3个人

平局

平局

平局

如图所示，三个人猜拳一共有 27 种结果，每种结果出现的概率是相同的。平局意味着所有人手势相同，或者都出了不同的手势，所以一共有 9 种情况。那么平局的概率就是 $\frac{9}{27}=\frac{1}{3}$。

咦？这和两个人猜拳时平局的概率相同。应该有不少人认为平局的概率会上升吧，毕竟大家肯定都有过很多人一起猜拳结果迟迟分不出胜负的经历。

实际写出所有情况确实很麻烦，但熟练之后就不需要全部写出了。 在刚才三个人猜拳的例子中，看到第一个人出石头时的 9 种情况，就能注意到第二个人无论出什么，都只有 1 种情况能实现平局。既然如此，那么剩下的 9×2 种情况也是一样的，结果应该就是 $\frac{1}{3}$，熟练之后大家就会逐渐掌握规律。

连续概率和树形图

树形图在可能性不同的情况下也能使用。

？ 题目

A 和 B 在玩一个游戏。A 获胜的概率是 80%。进行三轮游戏时，A 获胜次数超过 B 的概率是多少？

进行三轮游戏，A 如果获胜 2 次以上，获胜次数就会超过 B。

和前文一样，可以先画出树形图。

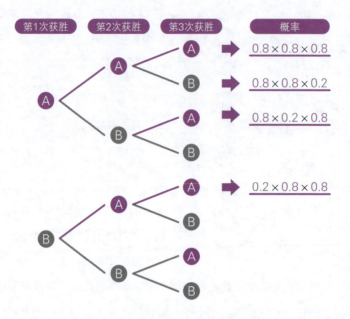

胜负一共有 8 种情况，A 获胜次数更多的情况有 4 种，占一半。假设每种情况出现的可能性相同，那么 A 获胜次数更多的概率应该为 50%，题目中给出的概率却不同。

这种情况下，该如何思考呢？A 在一轮游戏中获胜的概率是 80%。举例来说，出现图最上方的情况，A 获得三连胜的概率是 "0.8×0.8×0.8"。

大家或许会有疑问："为什么是乘法？"这是因为有**"概率乘法定理"**，思路如下。

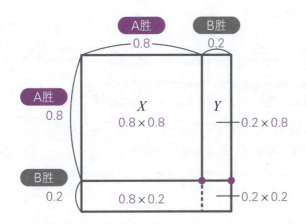

　　计算连续事件的概率时，我们可以把第一轮的结果看作"长"，第二轮的结果看作"宽"，例如，A 获得两连胜的情况可对应"面积 X"，第一轮 B 胜、第二轮 A 胜的情况可对应"面积 Y"。通过"长与宽相乘"来计算概率，这就是概率乘法定理的基本思路。这里的"积"就是乘法运算的结果。

　　另外要注意，这个正方形整体表示概率为"1"，也就是所有概率之和，各部分面积代表相应的概率比例。

　　最后，需要把 A 获胜次数更多的 4 种情况的概率加起来，因此"（0.8×0.8×0.8）+（0.8×0.8×0.2）+（0.8×0.2×0.8）+（0.2×0.8×0.8）=0.896"，概率为 89.6%。

　　这道题告诉我们，"与强者对决时，最好一局定胜负"，因为比赛轮次越多，输的概率就越大。

第4步 "有多少种可能性?" 比想象中深奥的"组合数"

抛开"个性",追求正确的数值

在数学中,"有多少种可能性"被称为"组合数"。

另外,概率是"某件事发生的比例",而"组合数"相当于概率计算中的分母,所以就像"第2步"中所做的那样,它是求出正确的概率所不可或缺的"武器"。

在树形图中,我们通过列举所有可能性来计算组合数。现在,我们尝试通过计算来求组合数。

❓ 题目

有一个棋盘状的道路网络,从起点到终点的最短路径有多少种?

终点

起点

因为题目中说的是"最短路径",所以不能走回头路或者绕远路。也就是说,需要考虑"只向上或者向右前进的路径有多少种",因此有如下几种方法。

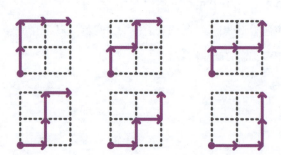

如图所示，一共有 6 种路径。

在此基础上，再来看看下面这道题。

❓ 题目

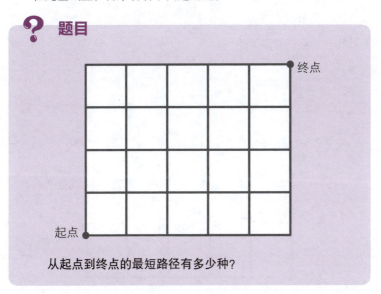

从起点到终点的最短路径有多少种?

如果像刚才那样逐一列举，会相当烦琐。因此，可以换一种思路。

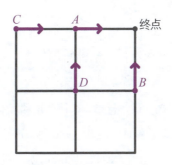

要想到达终点，必须经过 A 或者 B。也就是说，只要把到达 A 的路径数量和到达 B 的路径数量相加即可。

而到达 A 的路径必须经过 C 或者 D，也是只要把到达 C 的路径数量和到达 D 的路径数量相加即可。

那么只要从靠近起点的点开始依次做加法运算，最终就能求出到达终点的路径有多少种。

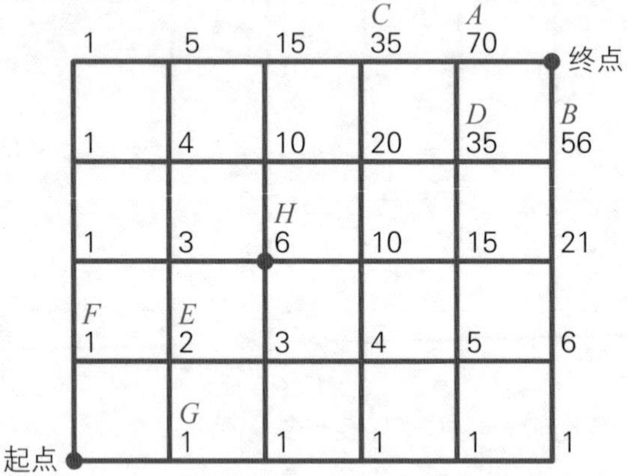

从起点出发，一直向上走的路径只有 1 种，一直向右走的路径也只有 1 种。那么，到达 E 的路径数量就是经过 F 的路径数量和经过 G 的路径数量之和，即 2 种。

在图中逐一写出相加后的数量，可以看出，H 位于和第一题的终点相同的位置，确实有 6 种路径能够到达。

通过这样的累加，最终得出，通往 A 的路径有 70 种，通往 B 的路径有 56 种，然后把它们加起来为 126 种，这就是到达终点的最短路径数量。这是一个相当大的数，如果用逐一列举路径的方法，必然会花费大量时间，而且难免会有遗漏或重复的情况出现。

这件"武器"最令人惊叹之处在于，**假设在某个点写下数字 6，实际上到达该点的路径各不相同，各有各的"个性"，但这种方法可以完全忽略这些差异，将它们"统一视为相同状态"。**

在高中数学里，这种思考方式会进一步发展，问题会被这样重新表述："向右走 5 步，向上走 4 步，到达终点的路径有多少种？"并且还会用组合数"$C_9^4 = \dfrac{9 \times 8 \times 7 \times 6}{4 \times 3 \times 2 \times 1} = 126$"进行计算。

顺便一提，这种逐步累加的方法不仅适用于规则的棋盘状道路，即使某些路径被阻断，也同样能适用。

如下图所示，因为没有路可以从 I 到 J，所以通往 J 的路径数量不需要用通往 H 的路径加上通往 I 的路径，而是和通往 H 的路径数量一样为 6 种。

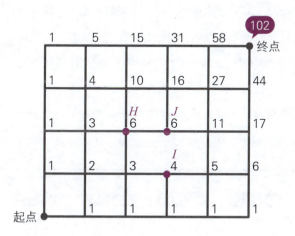

其他位置用同样的方法相加，可以求出最终到达终点的路径数量为 102 种。

不遗漏、不重复

? 题目

有标着 1~5 的卡片，以及标着 1~5 的卡槽，卡片与卡槽数字不一致的排列方式有多少种？

这道题是求"有多少种"，同样是在求组合数，希望大家能通过这道题目学到**"不遗漏、不重复地整理"**。

不遗漏、不重复地整理，这在绘制树形图时也很重要，是计算大量可能性时的基本原则，为此我们需要**制定自己的规则**。一个典型做法是"字典序"，即按照数字从小到大的顺序排列并整理。

以这道题为例，假设最左边为 1，由于卡片和卡槽的数字不能一致，因此选择除 1 之外最小的数字 2 放在最左边，按照字典序列出所有符合条件的数字排列。

首位为2	首位为3	首位为4	首位为5
21453	31254	41253	51234
21534	31452	41523	51423
23154	31524	41532	51432
23451	34152	43152	53124

23514	34251	43251	53214
24153	34512	43512	53412
24513	34521	43521	53421
24531	35124	45123	54123
25134	35214	45132	54132
25413	35412	45213	54213
25431	35421	45231	54231

　　按照从小到大的顺序，每个数字做首位时各有 11 种排列方式，所以一共有 44 种可能结果。虽然也是一一罗列，但由于遵循了明确的规则，因此可以轻松避免遗漏或重复，并且能够<mark>条理清晰地对别人解释"这就是全部排列方式"</mark>。

　　如果只是随意列举，比如"31254 应该可以""43152 也没问题"，就很难确定何时结束，也无法确信找到了全部排列方式。

　　由此可见，如果不制定规则，要做到不遗漏、不重复地数出有多少种情况，实际上是非常困难的。

容斥原理

前文提到，"第 4 步"是要用计算的方式求出"有多少种可能性"，所以卡片和卡槽题当然也能用计算的方式解开。不过，这种方式需要高中数学的计算知识，所以这里仅讲解其思路。

将卡片和卡槽的题目换种说法，就是："'1 的卡槽里没有 1''2 的卡槽里没有 2''3 的卡槽里没有 3''4 的卡槽里没有 4''5 的卡槽里没有 5'，满足以上所有条件的排列方式有多少种?"

题目要求的是"卡片和卡槽数字不一致的排列方式"，是下图中有颜色的部分。也就是说，通过计算"**(全部排列方式的数量) - (无色部分的数量)**"，就能得出结果为"44 种"。

全体

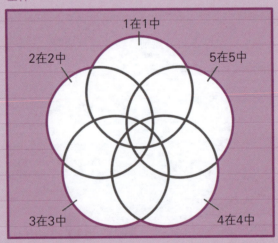

不过实际计算时，由于需要注意无色部分有重叠，因此准确把握数量会有一定难度，比如下面这种情况。

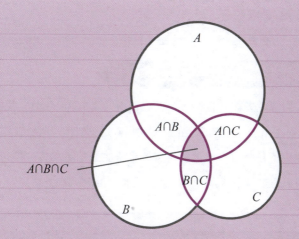

A: 70　B: 60　C: 50

$A \cap B$: 20　$A \cap C$: 10　$B \cap C$: 10

$A \cap B \cap C$: 5

　　在这种情况中，要想"不遗漏、不重复地"把握三个圆内的组合数，需要计算**"（整体数量 $A+B+C$）−（重复部分）＋（多减掉的部分）"**，其中，重复部分为"$A \cap B$""$A \cap C$""$B \cap C$"，因为"$A \cap B \cap C$"这部分被减掉 3 次，多减了 1 次，所以要加回 1 次，即**"（70＋60＋50）−（20＋10＋10）＋5＝145"**。

　　这种计算思路叫作"容斥原理"。针对卡片和卡槽的题目，同样可以先按照容斥原理的要领求出无色部分的数量，然后用整体数量减去它，就能得出正确结果。

4　　　　　5　　　　　6

第5步 用概率测量梦想的"期望值"

高中生

一张彩票的实际价值是多少

人们常说买彩票是"买梦想",而借助概率这一工具,我们就能用数字来量化这个"梦想"的实际价值。这就叫作"期望值"。

期望值是指一次尝试能得到的最终收益的平均值。换句话说,我们可以通过概率计算出一张彩票实际上值多少钱。

2020年年终彩票

- 号码范围:100000~199999(10万张)
- 组号范围:001~200组
- 1个单位:10万张×200组=2000万张
- 彩票售价:每张300日元

七等奖	末位一致	300日元
六等奖	后两位一致	3000日元
五等奖	后三位一致	1万日元
四等奖	后四位一致	5万日元
三等奖	组号的后一位为0或2,号码一致	100万日元
二等奖	组号和号码一致	1000万日元
一等不同组奖	号码一致	10万日元
一等前后奖	组号和号码一致	1.5亿日元
一等奖	组号和号码一致	7亿日元

由于年终彩票奖项众多,我们先假设有一种彩票只有七等奖,

尽管应该没有人会买，但可以用如下方法求期望值。

七等奖只需要末位一致即可，也就是说 10 张里有 1 张能中，概率为 $\frac{1}{10}$，不中奖的概率为 $\frac{9}{10}$。

然后，将结果（奖金）与该结果发生的概率相乘，再把所有乘积相加就能得到期望值。

$$\frac{1}{10} \times 300 + \frac{9}{10} \times 0 = 30（日元）$$

像这样，只有七等奖且售价 300 日元一张的彩票，期望值只有 30 日元，所以基本上必然会亏损 270 日元。

尽管奖项众多，计算起来很麻烦，但我们还是要来求一下年终彩票的期望值。这是一次很好的练习，建议大家边思考边计算，不过因为要重复同样的计算，所以大致浏览一下也没关系。

七等奖　如前述计算结果所示，期望值是 30

六等奖　需要后两位一致，所以概率为 $\frac{1}{100}$
乘以奖金 3000 日元得到期望值 30

五等奖　需要后三位一致，所以概率为 $\frac{1}{1000}$，因为有三个号码可以中奖，所以概率为 $\frac{3}{1000}$，乘以奖金 1 万日元得到期望值 30

四等奖　需要后四位一致，所以概率为 $\frac{1}{10\,000}$
乘以奖金 5 万日元得到期望值 5

三等奖 稍微有些复杂，在全部200组中最后一位是0或2的有40组，其中每组有1张号码中奖，所以1个单位2000万张中有40张中奖。那么概率为$\dfrac{1}{500\,000}$，乘以奖金100万日元得到<u>期望值2</u>

二等奖 需要组号和号码一致，概率为$\dfrac{1}{20\,000\,000}$，中奖号码有4组。那么概率为$\dfrac{4}{20\,000\,000}$，乘以奖金1000万日元得<u>到期望值2</u>

一等不同组奖 号码一致，并且不是一等奖，所以200组中有199组中奖。概率为$\dfrac{1}{100\,000}\times\dfrac{199}{200}$，乘以奖金10万日元得到期望值<u>$\dfrac{199}{200}$</u>

一等前后奖 组号和号码一致，一等奖前后的2组号码中奖。用概率$\dfrac{2}{20\,000\,000}$乘以奖金1.5亿日元得到<u>期望值15</u>

一等奖 需要组号和号码一致，概率为$\dfrac{1}{20\,000\,000}$，乘以奖金7亿日元得到<u>期望值35</u>

计算结束。出人意料的是，一等奖的彩票期望值竟然是最高的。

那么，要求彩票的整体期望值需要将所有期望值相加，于是得到"$30+30+30+5+2+2+\dfrac{199}{200}+15+35=149+\dfrac{199}{200}$"，大约为150。

所以，"每张300日元的2020年年终彩票，梦想的实际价值是150日元"。也就是说，如果获得的奖金大概是购买金额的一半，就符合期望值，没必要为此沮丧，或者说应该接受这是极为正常的结果。

我很理解大家想中一等奖的"心情"，但今后购买彩票时，请务必考虑期望值。

当然，如果有"期望值为 350 日元"的彩票，那就值得购买，甚至应该全力抢购。不过，世上可没有这么好的事……

圣彼得堡悖论

悖论是"逻辑上看似正确，或者确实正确，但结论让人难以接受"的论点，数学家伯努利就提出过这样一个存在悖论的游戏。

这是一个抛硬币游戏，其游戏规则是"只要抛出背面，就一直抛下去"。

如果第 1 次抛出正面，就得到 1 日元；如果第 1 次抛出背面，第 2 次抛出正面，就能得到 2 日元；如果持续抛出背面，接下来就能得到 4 日元、8 日元……奖金会以翻倍的形式递增。

"那么，这个游戏的入场费应该设为多少合适呢？"

这就是问题的关键。

从彩票的例子中可以看出，入场费必须高于期望值，否则主办方会单方面亏损。因此，首先需要计算这个游戏的期望值。

第1次正面 ➡ 奖金1日元　　第5次正面 ➡ 奖金16日元

第2次正面 ➡ 奖金2日元　　第6次正面 ➡ 奖金32日元

第3次正面 ➡ 奖金4日元

第4次正面 ➡ 奖金8日元

　　思考上述情况的期望值，第 1 次就抛出正面的概率为 $\frac{1}{2}$，乘以奖金 1 日元得到期望值 $\frac{1}{2}$。

　　如在第 174 页学到的那样，第 1 次抛出背面但第 2 次抛出正面的概率是连续概率 $\frac{1}{2} \times \frac{1}{2}$，奖金翻倍成为 2 日元，所以用概率 $\frac{1}{4}$ 乘以 2，期望值依然是 $\frac{1}{2}$。也就是说，抛出背面的次数每增加一次，概率就会减半，而奖金会翻倍，所以无论什么时候抛出正面，期望值都是 $\frac{1}{2}$。这意味着这个游戏本身的期望值是无数个 $\frac{1}{2}$ 相加，也就是期望值高得离谱，那么应该支付多少钱才能参加呢？比如要支付 1 亿日元？

　　如果按照彩票的思路考虑期望值，确实会变成这样，不过应该没有人想要支付 1 亿日元只为参加一场游戏——尽管期望值是无穷大，但连续 5 次抛出背面已经很难，即使运气好，奖金也只有 32 日元……

　　这种难以接受的感觉就是悖论所在。简单来说，期望值如果没有上限，就可能导致脱离现实的奇怪情况出现。

　　假设"游戏的上限为 30 次"，那么连续抛出 30 次背面时，奖金将达到 10 亿日元左右。在这种情况下，如果第 31 次抛硬币，无论抛出正面还是背面，都认为游戏结束，那么这个时候概率就是 1。因此，"$\frac{1}{2} \times 30 + 1 = 16$"，期望值为 16 日元。

　　那么问题来了，入场费为多少时，你会愿意挑战呢？

第6步

其实难度很大的"条件概率"

高中生

初次接触时通常都会答错的题目

❓ 题目

你面前有3扇门。

其中一扇后面有奖品。

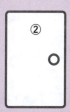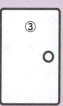

首先,你有权选择任意一扇门。然后,主办方会在你没有选择的两扇门中,打开一扇空门。

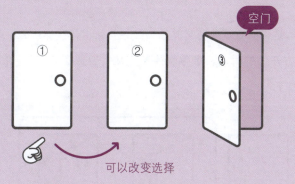

空门

可以改变选择

这时,你可以从自己选中的门和剩下的门里重新选择。你是否应该改变选择?

这道题叫作"三门问题",相当有名,或许有人知道。我第一次遇到这个问题时，即使知道了正确答案也很难立刻相信，因为结果实在出乎意料。

如果大家是初次挑战这个问题，请务必连背后的理由一起仔细思考。

一开始从三扇门中选一扇，所以选中有奖品的门的概率为 $\frac{1}{3}$，到这里都符合概率的基本原理。

无论你选的这扇门后是不是有奖品，剩下的两扇门中肯定至少有一扇是空门，所以主办方才会打开其中一扇。这就是这个问题的关键所在。

应该有不少人会犹豫："无论是否改变选择，两扇门一定会有一扇后面有奖品，概率都是 50%？那改不改都一样吧……"但这种想法忽略了你最初选门时不存在的"主办方开门"这个条件。就像在"第 2 步"提到的，这是一个"条件概率"问题。那么，该如何考虑这个条件呢？

如果你不改变选择，那么中奖概率仍然是 $\frac{1}{3}$。然而，如果你改变选择，中奖概率就会变成 $\frac{2}{3}$，是原来的 2 倍，绝对是改变选择更好。

是不是感觉有点儿莫名其妙？我一开始也是这样认为。然而，**在主办方开门的瞬间，条件发生了变化**，变成了在 $\frac{1}{3}$ 和 $\frac{2}{3}$ 之间做选择。

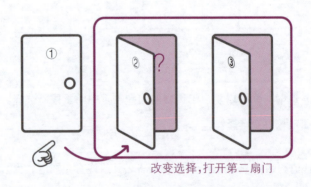

改变选择,打开第二扇门

也就是说，改变选择相当于打开了两扇门。是不是还不明白？

在明确知道中奖门的基础上思考，大家应该就会明白绝对是改变选择更好。

让我们在下述条件的基础上假设"你选择了①，并且绝对会改变选择"。

①是中奖门	你选择了①，之后改成②或者③，改变选择后没有选对。
②是中奖门	你选择了①，主办方打开错误的③，改变选择后选对。
③是中奖门	你选择了①，主办方打开错误的②，改变选择后选对。

综上所述，改变选择后，有 $\frac{2}{3}$ 的概率选对。

有人或许会说："要是改变选择后没中奖，那肯定会后悔，所以要坚持初心！"不过我觉得，做出这种完全没有数学思维的选择或许才会更后悔。

我们是人，难免会被情绪影响，**但如果想正确运用概率，就必须进行准确的计算**，所以要掌握这条"概率之路"中提到的思考方式和"武器"，避免落入情绪的陷阱。

顺便一提，条件概率问题中还有一件能够机械化套用的"武器"，叫作"贝叶斯定理"，感兴趣的人一定要去了解一下。

"答题王"鹤崎的挑战书！
10级台阶

题目篇

现在,你要爬10级台阶。
爬法有以下两种。

Ⓐ 一级一级爬

Ⓑ 隔一级跳着爬（一次爬2级）

此时,爬3级台阶的方法有以下3种。

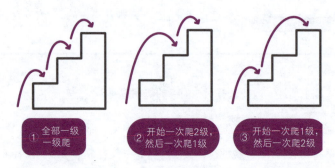

① 全部一级一级爬

② 开始一次爬2级,然后一次爬1级

③ 开始一次爬1级,然后一次爬2级

那么,爬10级台阶的方法一共有多少种?
你能解出来吗?

解答篇见第241页

第6章

整数之路

小学学的除法有两个答案

小学生

不同于"数之路"的整数之路

"为什么现在还要讲'整数之路'？"

很多人可能会有这样的疑问，毕竟在"数之路"中已经讲过整数了。尽管如此，之所以还要深入挖掘整数，**是因为在数学世界中，很多性质只有整数才具备**。

这些性质源自数学中的除法。当听到"**除法有两种答案形式**"时，大家能想到什么？

一种是"$3 \div 2 = 1.5 = \dfrac{3}{2}$"这样形式的答案，这也是本书所采用的答案形式。尤其是分数，只要把除数作为分母，被除数作为分子，任何数都能完成除法运算。

还有一种答案形式是"$3 \div 2 = 1 \cdots\cdots 1$"。尽管书本上这样教过，但严格来讲这种答案形式是错误的，数学家几乎不会用到这样的形式。为什么呢？请大家思考一下。

想到了吗？假设有一道题是"$6 \div 5 = ?$"，答案同样是"$1 \cdots\cdots 1$"，对吧？既然如此，这不就相当于"$3 \div 2 = 6 \div 5$"了吗？

$$3 \div 2 = 6 \div 5$$

↓ 用分数表示……

$$\frac{3}{2} = \frac{6}{5}$$?

↓ 两边分别乘10变为整数……

$$15 = 12$$??

可见，**如果像"3 ÷ 2 = 1……1"那样，左右两边明明不完全相等，却用"="连接是不合适的**。因此，本书后续将用"→"代替"="来表示这种情况。

那么，应该如何正确表示呢？可以先思考一下"3 ÷ 2 = 1……1"的"心情"。

鹤崎总结！

"3中有一个2,并且多了1"

⬇反过来说……

"一个2和多出来的1相加等于3"

⬇用等式表示……

$3 = 2 × 1 + 1$

实际应该写成上述这种表达式，把被除数 3 作为主角，其他部分全都写在等号右边。这种表示除法的方式就是"整数之路"要讲的内容。

总之，就是**"用整数解决所有问题"**，不使用小数和分数，也不使用其他任何实数。

举例来说，大家买零食时，如果 3 个人分，是不是会在意一包零食里的零食数量呢？比如，"4 个一包的不够分，还是买 6 个一包的吧"。类似地，在许多现实问题中，我们常常需要用整数来思考。

"数之路"是朝着数的扩展方向发展的，但在这个过程中，整数的某些性质可能会被忽视。正如一开始提到的，有些性质仅适用于整数。

因此，"整数之路"并非"数之路"的一部分，而是从除法的答案形式开始分支、延伸出来的一个独特的世界。

第2步

没有余数的世界——"因数分解""公因数""公倍数"

小学生、初中生

"公因数"与"最大公因数"的关系

"有些性质只有整数才具备""用整数解决所有问题"是什么意思呢？让我们从下面这道题开始思考。

? 题目

有12块饼干和18颗糖。
分给多少人能刚好分完？

因为想要刚好分完没有剩余，所以这是一个寻找能同时整除 12 和 18 的数，也就是**"公因数"**的问题。**"因数"**是指能整除某个数的整数，因此这是一个仅适用于整数的问题。在前面的第 32 页，我们还探讨过"分数和小数没有最大公因数"的问题。

对于这道题，即使从 1 开始逐一尝试，也不会耗费太多时间。不过，希望大家能了解这样一种思路：**"公因数是最大公因数的因数。"**也就是说，这道题中的最大公因数是 6，那么 6 的因数就是 12 和 18 的公因数。

6 的因数有 1、2、3、6，因此这些数就是 12 和 18 的公因数，也就是这个问题的答案。按这些人数来分，饼干和糖果就能刚好分完。当然，如果是 1 个人，那就不是分享，而是独享了。

求"最大公因数""最小公倍数"的"特效药"

整数包括"负整数""0""正整数"，正整数中有**"素数"**，指的是除了 1 和它本身以外不再有其他因数的数（不过通常 1 不属于素数）。1~20 中最小的素数为 2，接下来是 3，然后是 5、7、11、13、17、19。这些数都只能被 1 和它本身整除。

　　另外，虽然证明过程较为复杂，本书不作详细讨论，但有一个重要的性质："**所有自然数写成几个素数的乘积时，其分解结果都是唯一的（忽略顺序）**"，这被称为"**素因数分解**"。将这个性质作为"武器"使用，可以很容易地求出因数和倍数。

 题目

　　384 和 160 的最大公因数是多少?

　　与糖和饼干题中的 12、18 不同，这道题的答案很难立刻得出，这种情况下就要进行素因数分解，一直用小素数去除。

"384 ÷ 2 = 192" ➡ "192 ÷ 2 = 96" ➡ "96 ÷ 2 = 48"

➡ "48 ÷ 2 = 24" ➡ "24 ÷ 2 = 12" ➡ "12 ÷ 2 = 6"

➡ "6 ÷ 2 = 3" ➡ "3 ÷ 3 = 1" ⇒ 也就是说"$384 = 2^7 \times 3$"

"160 ÷ 2 = 80" ➡ "80 ÷ 2 = 40" ➡ "40 ÷ 2 = 20"

➡ "20 ÷ 2 = 10" ➡ "10 ÷ 2 = 5" ➡ "5 ÷ 5 = 1"

⇒ 也就是说"$160 = 2^5 \times 5$"

　　公因数是能够整除两个数的数，所以就像刚才看到的那样，两个数都能被 2 除 5 次。那么，中间的 $2~2^4$ 就是公因数，"$2^5 = 32$"是最大公因数，因为"公因数是最大公因数的因数"（不过要注意公因数也包含 1）。

　　而且**通过素因数分解，能立刻求出最小公倍数**。最小公倍数必须能被两个数整除，所以要取较大的数。

鹤崎总结！

"$384 = \boxed{2^7} \times \boxed{3^1} \times 5^0$"　　　"$160 = 2^5 \times 3^0 \times \boxed{5^1}$"

这是基于构成两个数的素数数量，对素因数分解结果进行详细表示的结果。所谓"取较大的数"，就是取每个素数对应的幂（同一个数相乘的次数）较大的一个，也就是用方框圈出的部分。也就是说，较大的数是"$2^7 \times 3^1 \times 5^1$"，计算可得，最小公倍数为1920。

相反，最大公因数还可以通过"取较小的数"求出。选择没有被方框圈出的部分，
"$2^5 \times 3^0 \times 5^0 = 32$"（※4），
和前文答案一致。

> **※4 0次方**
> "$a^1 = a$""$a^2 = a \times a$"，幂每增加1，结果会增大到原来的a倍；每减少1，则结果减小到原来的$\frac{1}{a}$。
> 那么，a^0就是"$a^1 = a$"的$\frac{1}{a}$，所以"$a^0 = 1$"。

像这样，只要使用素因数分解，无论对任何数，都能按照特定的步骤，解决小学生容易栽跟头的所有最大公因数、最小公倍数问题。虽然这类方法在本书中一般被称为"特效药"，但这里其实是确立了算法。

轻松找到不容易找出的最小公倍数

另外，**"最大公因数 × 最小公倍数 = 原数的乘积"**，如果你已经注意到了这一点，那说明你已经很厉害了。

来看个具体例子。384和160的最大公因数32和最小公倍数1920相乘，等于原数的乘积"$384 \times 160 = 61\,440$"。请大家动手算一算。认真思考就会发现，原因并不复杂。对于一大一小两个数（若两数相同，可以将其中一个看作大数，另一个看作小数），最小公倍数是较大因数的乘积，最大公因数是较小因数的乘积，所以这二者相乘自然就等于原来两个数的乘积。而且，它还有更简便的用法。

题目

16 和 24 的最小公倍数是多少?

我们一眼就能看出最大公因数是 8,但要求最小公倍数就比较麻烦了,对吧?不过,只要利用刚才掌握的"武器",不需要试错,就能用"16 × 24 = 8 × 最小公倍数"这个一元一次方程求出最小公倍数。**"最小公倍数 = 16 × 24 ÷ 8"。**

了解这项性质后,基本上只要知道了比较容易找出的最大公因数,就能轻松找到不那么容易找出的最小公倍数。像这样,即使是在没有余数的整数世界中,同样会出现新的数的性质。

专 栏

埃拉托色尼筛法

素数有无数个,但是指定范围内的素数可以通过以下方法利用算法求出。

2	3	~~4~~	5	~~6~~	7	~~8~~	~~9~~	~~10~~
11	~~12~~	13	~~14~~	~~15~~	~~16~~	17	~~18~~	19	~~20~~
~~21~~	~~22~~	23	~~24~~	~~25~~	~~26~~	~~27~~	~~28~~	29	~~30~~

例如,要找出 1~30 中的素数,就要先找到素数 2、3、5,然后消除它们的倍数。

这道题中,在消除完 2、3、5 的倍数之后,剩下的所有数都是素数。

第3步 最早的算法"辗转相除法"

更简便地求任意最大公因数

在"第2步"中，我们通过素因数分解的方法求出了最大公因数和最小公倍数。然而，在学校的数学学习中，大家可能会学到像下面这样的写法。

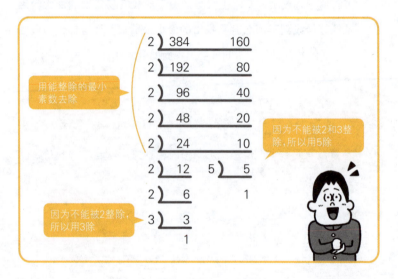

用能整除的最小素数去除

因为不能被2和3整除，所以用5除

因为不能被2整除，所以用3除

$$
\begin{array}{r|rr}
2 & 384 & 160 \\
2 & 192 & 80 \\
2 & 96 & 40 \\
2 & 48 & 20 \\
2 & 24 & 10 \\
2 & 12 \\
2 & 6 \\
3 & 3 \\
& 1
\end{array}
\qquad
\begin{array}{r|r}
5 & 5 \\
& 1
\end{array}
$$

❓ 题目

362842 和 152896 的最大公因数是多少?

那么，如何用素因数分解来解这样的题目呢?

$$
\begin{array}{r|rr}
2 & 362842 & 152896 \\
?? & 181421 & 76448
\end{array}
$$

因为两个数都是偶数，所以能想到先用 2 除，但到了下一步就卡住了。

此时，就该轮到被称为"最古老算法"的**"辗转相除法"**登场了。**用这种方法，即使不进行素因数分解，也能求出最大公因数。**

鹤崎总结！

首先对这两个数做除法

$362842 \div \underline{152896}$　➡　得 2 余 57050

🔻 接下来用除数除以余数

$152896 \div 57050$　➡　得 2 余 38796

🔻 重复以上步骤

➡　$57050 \div 38796$　➡　得 1 余 18254

➡　$38796 \div 18254$　➡　得 2 余 2288

➡　$18254 \div 2288$　➡　得 7 余 2238

➡　$2288 \div 2238$　➡　得 1 余 50

➡　$2238 \div 50$　➡　得 44 余 38

➡　$50 \div 38$　➡　得 1 余 12

➡　$38 \div 12$　➡　得 3 余 2

➡　$12 \div \boxed{2} = 6$（余 0）

最后**余数为 0，这时的除数就是最大公因数。**在这道题中，最大公因数为 2。

实际上，我们想要进行素因数分解却卡住时出现的数 181421 是素数，所以如果不使用辗转相除法，即使耗费再多时间也找不到能够同时整除两个数的素数，因为它根本不存在。

而辗转相除法只需要重复进行除法计算就能求出最大公因数。这种方法为什么成立呢？我们再换一组较小的数来思考一下，这里将会用"3＝2×1+1"的答案形式来表示除法。

题目

24 和 18 的最大公因数是多少？

首先做除法，"24÷18→得 1 余 6"，换成正确的答案形式就是"24＝18×1+6"。

假设最大公因数为 a，则两个数必须能够分别写成"24＝a×○""18＝a×△"的形式，而且余数部分同样必须是 a 的倍数，大家能理解吗？以这道题为例，就是"6＝a×□"。

鹤崎总结！

原因在于……

$$24 = 18 \times 1 + 6$$
$$a \times ○ = a \times △ + a \times □$$

如果第二个等式不成立，"24＝a×○"就不成立

这就意味着除数和余数必须始终是最大公因数 a 的倍数。继续解题如下。

用余数除以除数
$$18 \div 6 = 3$$
↓ 也就是说
$$18 = 6 \times 3 + 0$$
$$a \times △ = a \times □$$

因为左图所示的关系成立，所以最大公因数为"a＝6"。

另外，同"第 2 步"中一样，只要得到了最大公因数，就能用一元一次方程轻松求出最小公倍数。

第4步

编程的关键①：
"是否绝对会结束"

小学生、高中生

真的会结束吗？——"考拉兹猜想"

在今后的时代，"信息科学"非常重要，大家最好能够记住"第4步"和"第5步"中将要介绍的内容，并且能用在涉及计算机和编程的情况中。严格来说，这些内容并非只适用于整数，不过用整数来思考更容易理解，所以我特意将它们放在了这条"道路"上。

其中之一就是**"是否绝对会结束"**的问题。

❓ 题目

假设有一个自然数，对它进行"是偶数则除以2""是奇数则乘以3后加1"的重复性操作。那么，无论最初的自然数是多少，最后都会变成1吗？

假设这个自然数是5，那么5是奇数，乘以3加1之后得到"5×3+1＝16"。因为16是偶数，所以除以2得8。8是偶数，所以除以2得4。4同样是偶数，所以除以2得2，最后"2÷2＝1"，变成了1。

那么，20的情况又如何呢？按照同样的规则计算："20→10→5→16→8→4→2→1"，最终也变成了1。此时，大家或许会隐约觉得"任何自然数最后都会变成1"。我们已经验证过20，不妨再尝试一下稍大一些的数，比如27。

27 ➡ 82 ➡ 41 ➡ 124 ➡ 62 ➡ 31 ➡ 94 ➡ 47 ➡ 142 ➡ 71 ➡
214 ➡ 107 ➡ 322 ➡ 161 ➡ 484 ➡ 242 ➡ 121 ➡ 364 ➡ 182

➡ 91 ➡ 274 ➡ 137 ➡ 412 ➡ 206 ➡ 103 ➡ 310 ➡ 155 ➡
466 ➡ 233 ➡ 700 ➡ 350 ➡ 175 ➡ 526 ➡ 263 ➡ 790 ➡ 395
➡ 1186 ➡ 593 ➡ 1780 ➡ 890 ➡ 445 ➡ ……

情况似乎有些不对劲。这样下去，真的会变成1从而结束这项操作吗？让我们从445继续向下计算。

1336 ➡ 668 ➡ 334 ➡ 167 ➡ 502 ➡ 251 ➡ 754 ➡ 377 ➡ 1132
➡ 566 ➡ 283 ➡ 850 ➡ 425 ➡ 1276 ➡ 638 ➡ 319 ➡ 958 ➡
479 ➡ 1438 ➡ 719 ➡ 2158 ➡ 1079 ➡ 3238 ➡ 1619 ➡ 4858
➡ 2429 ➡ 1079 ➡ 3238 ➡ 1619 ➡ 4858 ➡ 2429 ➡ 7288 ➡
3644 ➡ 1822 ➡ 911 ➡ 2734 ➡ 1367 ➡ 4102 ➡ 2051 ➡ 6154
➡ 3077 ➡ 9232 ➡ ……

数值甚至超过了9000，让人心里很是没底。这里就不再继续算下去了，但请大家一定要继续挑战，体会一下最终数字变成1时的那种成就感。当然，这也就是说，27到最后也会变成1，不过一共需要计算111次。

这个问题叫作"考拉兹猜想"，由于尚未证明所有自然数最后绝对能够变成1，因此它目前还只是个猜想。不过根据计算机的计算结果可知，即使是相当大的数，最终也都能以1结束。也就是说，**目前尚未出现"不会结束"的反例**，但也没有办法证明"绝对会结束"。

综上所述，**"是否绝对会结束"的观点在数学领域相当重要。**

以空调为例来思考一下。设定好目标温度后，房间温度升高时，空调会降低温度；房间温度降低时，空调会升高温度。这个过程中，**计算机和程序的工作就是尽量缩小调节温度后的实际室温与目标温度之间的误差。**

然而，如果这项计算一直不结束，陷入无限循环，机器就会出大问题。如果计算无法结束，空调就会停止运行。程序一直在运行却无法结束计算得出结果，也就是无法指挥空调朝着目标温度调节持续运作，这对机器来说是不行的。

从这个视角出发，再来看看"第 3 步"中提到的辗转相除法，比如"求 156 和 120 的最大公因数"。

> 156 ÷ 120 ➡ 得 1 余 36
> 120 ÷ 36 ➡ 得 3 余 12　　⬅ 用除数除以余数
> 36 ÷ 12 ➡ 得 3 余 0　　⬅ 整除了！

12 是最大公因数，**这里的关键是，辗转相除法可以保证"绝对会结束"。**之所以这样说，是因为要处理的数存在"156>120>36>12"的关系，绝对会逐渐减小，肯定会不断靠近 1。因此，**可以说辗转相除法"最终绝对能求出最大公因数"，正因如此，不必担心它会陷入无限循环，也就能够保证它是"可以装在计算机里的算法"。**

如果大家编写程序，就必须关注程序是否会结束运行。在很多情况下，**要想判断是否会陷入无限循环，可以像空调问题中那样思考"误差是否会变小"，或者像辗转相除法那样思考"数值是否一定会变小"**，这种思考方式非常有用。

第5步

编程的关键②："计算量越少越好"

初中生

计算机也想变轻松

涉及计算机和程序问题时，需要牢记的第 2 点是**"计算量越少越好"**。在第 82 页中，我们探讨了如何利用因式分解来简化计算。

现在，我们来计算一下 2^{16}。

算法1		算法2	
$2^2=2\times2=4$		$2\times2=4$	1次
$2^3=4\times2=8$		$4\times4=16$	2次
$2^4=8\times2=16$		$16\times16=256$	3次
$2^5=16\times2=32$		$256\times256=65536$	4次
$2^6=32\times2=64$			
$2^7=64\times2=128$			
$2^8=128\times2=256$			
$2^9=256\times2=512$			
$2^{10}=512\times2=1024$			
$2^{11}=1024\times2=2048$			
$2^{12}=2048\times2=4096$			
$2^{13}=4096\times2=8192$			
$2^{14}=8192\times2=16384$			
$2^{15}=16384\times2=32768$			
$2^{16}=32768\times2=65536$	15次		

算法①就是简单地把 2 自乘 15 次。在数学领域，"只要能解出来就行"的态度很重要，所以只要答案正确，这种解法就完全没问题，但很显然，它确实有些"麻烦"，对吧？

另外，就像日常生活中的计算一样，用计算机程序进行计算时也是步骤越少越好，所以希望大家能够掌握类似于算法②的思路。也就是说，"4×4"可以看作"$2^2 \times 2^2 = 2^4$"，"16×16"可以看作"$2^4 \times 2^4 = 2^8$"，"256×256"可以看作"$2^8 \times 2^8 = 2^{16}$"。

最后一步涉及三位数的乘法运算，或许还会有人觉得"麻烦"，但总计算步骤只有 4 步，相比算法①已经减少了很多。

对于更大的数，这种方法的优势更加明显。例如，计算 2^{100000} 时，算法①需要进行 10 万次左右的计算，仅靠人力根本不可能完成，而算法②则只需要进行 20 次左右的计算。

如果用计算机计算，对于 10 万次方左右的计算，算法①也能顺畅处理，但到了 1 亿次方、10 亿次方这种量级，其计算速度会明显减慢。不过，如果使用算法②，即使要计算 1 亿次方，计算次数也只在两位数以内，对计算速度毫无影响。

对于计算机来说，减少计算量同样非常重要。

素因数分解和密码

让我们从计算量和计算速度的视角出发，再来看一看辗转相除法。求最大公因数时，只要机械性地重复除法运算就会自动得到答案，所以尽管和数的大小有关，但这种方法本身"还算高效"。

此外，还可以通过素因数分解求出最大公因数。正如"第 2 步"中提到的，这种方法有其优点，但效率极低。举例来说，让我们尝试对 157 进行素因数分解。

"157 是奇数，不能被 2 整除""那么能不能被 3 整除呢？还是不行""5 和 7 也不行，下一个素数是 11 吧""11 也不行，那 13 呢"……像这样，我们必须先知道哪些数是素数，然后按顺序一一验证，所以不得不说这种方法"效率很低"。如果必须对巨大数进行素因数分解，就需要进行极大量的试错，因此可以说，"在计算机系统中采用对巨大数进行素因数分解的计算方式是不现实的"。

有趣的是，有一种反向利用了这一特性的"RSA 密码"，其适用范围很广。它的安全性正是基于"超巨大数的素因数分解计算量庞大且耗时，现实中很难完成"这一事实。

我参与过一种叫"竞技编程"的比赛，就是看谁能通过编写高效程序快速解决计算问题。比赛中可以明显看出，计算量越少，计算机解决问题的速度就越快。

大家在操作计算机或智能手机时，应该也能感觉到，运行速度越快，使用体验就越舒适。而除了提高硬件(CPU)性能外，减少软件的计算量同样是一种提升运行速度的有效方法。

在读完本节内容后，希望大家不要想当然地认为"日常生活中不会出现要计算 2^{16} 的情况"，而是能够意识到寻找简化计算方法的重要性，并且通过了解这些方法，对数学产生兴趣并享受其中的乐趣。

数学家和信息科学家总是在思考如何让计算更简单，如何"偷懒"，但也正是这种思考方式推动着技术不断进步。

既然想要整数解，就用整数来解

高中生

答案是实数与整数的区别

❓ 题目

有一个容量为 7 L(升)的水桶和一个容量为 5 L 的水桶，请用这两个水桶和一个大浴缸测出 1 L 水。水可以从水管里无限汲取，还可以把已经倒入浴缸中的水舀出来。

想要用这两种容量的水桶往浴缸中倒水或从浴缸中舀水，得到 1 L 水，稍微思考一下就能得出几种不同的解决方法。

例如，用 7 L 的水桶往浴缸里倒 3 次水得到 21 L，再用 5 L 的水桶舀出 4 次共 20 L，于是浴缸里就剩下 1 L。

或者，用 5 L 的水桶往浴缸里倒入 3 次水，再用 7 L 的水桶舀出 2 次，也能剩下 1 L。

其实这个题目可以用一次函数列出等式。

鹤崎总结！

倒入3次7 L,舀出4次5 L

$\Rightarrow 7 \times 3 + 5 \times (-4) = 1$

舀出2次7 L,倒入3次5 L

$\Rightarrow 7 \times (-2) + 5 \times 3 = 1$

即 $7x + 5y = 1$

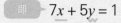

我们在第 108 页中已经学过，"$ax+by=c$"是能够表示所有直线的一次函数，而一次函数的图像可以理解为"当 x 确定时，唯一确定的 y 的集合"，因此，当"$x=1$"时，"$7x+5y=1$"中的"$y=-\dfrac{6}{5}$"。

然而，题目中的 x 和 y 代表的是"次数"，所以**答案需要是整数**。并不是只要等式成立，任何实数都可以用。"$y=-\dfrac{6}{5}$"时，就是"用水桶舀出 $\dfrac{6}{5}$ 次水"，这个答案显然是错误的。

求"$ax+by=c$"的整数解

因为实数包含更多数，所以或许有人认为实数是万能的。然而，正如前文多次提到的那样，**不但很多性质只有整数具备，还有很多答案不是整数就会产生困扰的情况，所以用整数解题的研究一直十分兴盛。**

接下来，拓展一下前文的题目。用 6 L 和 4 L 的水桶测出 1 L，也就是求"$6x+4y=1$"是否有整数解。这道题该怎么解呢？

由于 6 和 4 都是偶数，因此无论怎么加减都只能得到偶数，而 1 是奇数，所以无法得出整数解。

那么，如果用 329 L 和 336 L 的水桶呢？这种情况下，我们很难马上得出答案。但数学家总会想着"一定要解出来"，而且希望解法尽可能简洁。

数学家贝祖经过研究发现了如下结果，并且找到了独特的求解方式。

$$ax + by = c \quad (a \neq 0,\ b \neq 0)$$

- 若 a 和 b 的最大公因数能整除 c，就有无数个整数解
- 若 a 和 b 的最大公因数不能整除 c，就没有整数解

那么，用 329 L 和 336 L 的水桶究竟能不能量出 1 L 水呢？

代入公式可得 "$329x + 336y = 1$"。根据贝祖的研究结果，只要 329 和 336 的最大公因数能够整除 1，就有可能量出 1 L 水。然而，在 "$c = 1$" 的情况下，只有 1 能够整除它。也就是说，只要 a 和 b 的最大公因数不是 1，就没有整数解。

顺便一提，在数学中，如果两个整数只有 1 能同时整除它们，即它们的最大公因数为 1，我们称这两个整数"互素"。

因此，需要先求 329 和 336 的最大公因数。说到最大公因数，就要用到辗转相除法了，让我们迅速找出最大公因数吧。

336 ÷ 329 → 得1余7
329 ÷ 7 → 得47余0　　← 用除数除以余数

由于 329 和 336 的最大公因数是 7，不能整除 1，因此 "$329x + 336y = 1$" 没有整数解。

接下来，再对比看一个有解的情况，来看看 "$10x + 13y = 1$"。先用辗转相除法求出 10 和 13 的最大公因数。

$13 \div 10 \rightarrow$ 得1余3 —— ①

$10 \div 3 \rightarrow$ 得3余1 —— ②　← 用除数除以余数

$3 \div \boxed{1} \rightarrow$ 得3余0　← 整除了！

因为最大公因数是 1，可知"$10x+13y=1$"有整数解。既然有解，我们就会想求出它。

于是贝祖用数学上正确的答案形式将辗转相除法的解答步骤继续变形，推导出了其中一个解。

鹤崎总结！

用正确的答案形式表示①……$13 = 10 \times 1 + 3$ —— ①′

用正确的答案形式表示②……$10 = 3 \times 3 + 1$ —— ②′

↓ 着眼于余数，将①′和②′分别变形

$13 - 10 \times 1 = \boxed{3}$ —— ①″

$10 - \boxed{3} \times 3 = 1$ —— ②″

↓ 把①″代入②″

$10 - (13 - 10 \times 1) \times 3 = 1$

$10 - 13 \times 3 + 10 \times 3 = 1$　← 使用分配律

↓ 整理成"$10x+13y=1$"的形式

$10 \times \underline{4} + 13 \times (\underline{-3}) = 1$

得出"$10x+13y=1$"的一个整数解为"$x=4$，$y=-3$"。

只要得出一个解，就能顺藤摸瓜找到其他"无数个"解。

这是为什么呢？因为**每当 x 增加 13，y 减少 10 时**，"$10x+13y$"

的值就会 ±0，能够保持不变。想象一下，天平左右两边的托盘上各放着一组 $10x$ 和 $13y$，思考如何让它们保持平衡。x 增加 13，$10x$ 就会增加 130，这时只要将 y 减少 10，$13y$ 就会减少 130，结果为 ±0，值保持不变。

实际上，当"$x=4$"增加 13 变成"$x=17$"，"$y=-3$"减少 10 变成"-13"时，尝试计算"$10x+13y=1$"是否成立，可以得到"$10×17+13×(-13)=170-169=1$"。

继续进行同样的增减，当"$x=30,\ y=-23$"时，或者试着计算反过来让 x 从 4 减少 13，让 y 从 -3 增加 10，变成"$x=-9,\ y=7$"时的情况。"$10x+13y=1$"始终保持成立。

虽然本书省略了使用这个"武器"能够得出所有解的证明，但这确实是可以证明的。

贝祖的研究是不是稍微有些难？其实这些内容属于高中数学范畴，当然有一定难度。

不过，我第一次了解这个内容时，对于**"居然还能把简洁的辗转相除法变形并代入计算"**感到非常惊叹，所以很想介绍给大家。

最初的水桶问题就像一个谜题，它本身在数学上就很有意思，要是大家能对从中找出规律并试图解决任何此类问题的数学家的执着也产生兴趣，我会感到更加开心。

那么，"整数之路"的内容就讲到这里，现在大家应该至少能够理解"整数中确实存在与实数完全不同的特殊问题"。

高考中同样会出现很多整数题，如果想要顺利解答这类题目，就应该尽早对整数及其性质保持敏感。本书将整数问题单列为一条

"道路"，就是因为它可以被视为一个独立的领域，而那些未能认识到这一点的人往往会绕远路，将其推迟处理，最终只能毫无准备地面对这类问题。

而且，**一般来说整数问题都比较难。不过，越是喜欢数学的人，可能越会觉得其中乐趣无穷。**

举个极端一点的例子，有一个名字很酷的定理——"费马大定理"，大家应该都听说过，对吧？

$$x^n + y^n = z^n$$

当 n 为大于2的正整数（自然数）时，
x, y, z 不存在满足该等式的整数解。

仅从形式上看，大家或许认为它和我们经常用到的勾股定理相似，感兴趣的人请务必查一查。

正如在第 93 页提到的，证明"不存在"通常非常困难。在费马去世 300 多年后的 1995 年，费马大定理才最终被证明，当时还登上了新闻头条。这也是一个典型的整数问题。

第7章

逻辑、
证明之路

第一步

日常生活、工作、数学中有各种各样的"逻辑"

小学生、初中生、高中生

▓▓ 什么是"数学逻辑"

前文多次提到，能够将问题视为数学问题并列出等式很重要，但如果要真正**"解决问题"，逻辑是必不可少的**。在处理应用题、证明题，或者在现实生活中遇到"或许没有标准答案的问题"，需要使用多种基础知识和"武器"的情况下，尤为如此。

那么，逻辑究竟是什么呢？简单来说，**逻辑就是在表达自己的观点时，推导出结论的过程**。

而**在数学逻辑中，这个过程必须建立在"绝对正确"的基础上**。

当然，**日常对话与数学逻辑不同**。在日常对话中，诸如"那家店的蛋糕大约会在 14 点卖光，咱们 12 点左右出发吧"以及"我觉得那幅画很美"这样的交流是成立的。

不过，像这样的"趋势"或"感想"并不能说明事实就一定如此。蛋糕有可能会在 12 点卖完，也会有人不觉得那幅画很美，所以这些说法并非绝对。

甚至我说的这些话也可以被认为只是我的个人意见，总之就是有这种程度的模糊性。

另外，在商业领域，"逻辑思维"（Logical Thinking）是一个热门话题。根据我的理解，它指的是"进行有说服力的论述"。

商业领域中常用的方法是**"演绎法"**和**"归纳法"**，它们是逻辑的形式，也可以被视为解决问题的"武器"。

说到演绎法，假设大家在一家"擅长做日式料理"的餐饮连锁店工作，在讨论下一步要发展什么样的业务时，可能会有人说："我们采购了优质大米，所以应该卖饭团！"也就是说，提案的思路是在日式料理之一"饭团"上发挥自己"擅长做日式料理"这个最大的优势。

归纳法则与之相反。既然"一口大小的泡芙卖得很好""小个儿的大福很畅销"，那么可以推导出"迷你蛋糕也一定会畅销"。像这样通过收集个别事例，推导出"小巧、少量的食物正在流行"这样的大主题，并以此制定新的企划方案，这就是归纳法的思考方式。

在实际的商业场景中，通常会进行更详细的调查以增强说服力，但逻辑的构建形式大致如此。

然而，**在数学逻辑中，基本不能使用归纳法。也就是说，数学逻辑和商业逻辑是不同的。**

为什么不能用归纳法呢？因为归纳法就像第 203 页提到的"考拉兹猜想"，即使有无数的成功案例支持，也无法证明其普遍成立。

因此，尽管归纳法在商业场景中具有一定的说服力，但在数学领域中并不被认可。大家**在工作中使用归纳法时，最好能够认识到"尽管它有说服力，但并不严谨"。**

从"是否绝对正确"的角度出发，"数学逻辑"与"逻辑思维"和"日常对话"的关系如下。

逻辑＼场景	日常生活	工作	数学问题
数学逻辑	○	○	○
逻辑思维	○	○	△
日常对话	○	△	△

　　本书中有很多情况只要求大致求解，这是因为像表中箭头所示的那样，我想尽量将数学问题转换成日常生活中的问题，通过把现实问题列成等式并求解的方式，带大家一起学习。

　　另外，虽然不至于说"答案本身无所谓"，但我更希望大家了解的是思考方式和解题方法这些"武器"。

　　一提到数学逻辑，或许会有人觉得它很烦琐，并不是很想接触。不过，数学逻辑能够确保论述的正确性与严谨性，避免偏离主题或突然转向其他话题，它始终会朝着目标结论直线前行。

　　学习数学能够培养"解决问题的能力"，因此只要愿意运用，数学逻辑在日常生活、商业活动以及社会问题中都能发挥作用。

第2步

"证明"是指说明一件事情正确

初中生

积累"数学事实"

说完"逻辑",接下来谈谈"证明",其实话题并没有太大转变。就像在第119页提到过的,**证明是指"向他人说明某件事是正确的,而且没有人能够质疑"**,这就是证明的"心情"。

因此,所谓**证明题,就是数学逻辑练习**。要想说明一件事绝对正确,就必须不断积累正确的内容。

什么是正确的内容呢?就是**我们在此前的"道路"上获得的"武器"**,比如勾股定理或者**"三角形内角和为180°"之类的"数学事实"**。它们都已被证明是"正确的"。

计算题需要求某种值时,同样需要积累正确的数学事实,因此大家肯定都在头脑中做过这类积累思考。然而,一旦遇到证明题,很多人还是会觉得很困难,所以我们首先要做的是习惯这种题型。

? 题目

请证明 $\sqrt{2}$ 不是整数。

面对这样一道题,你可能会感到像被抛入太空一样无助。实际上,这道题我还特意写得比较友好,用了"请证明"这个表述,但一般题目中通常会用"求证",如果不熟悉的话,可能会觉得很有压迫感。

回到题目本身，大家已经知道 $\sqrt{2}$ 是 1.414…这个无理数，所以肯定想说"它怎么看都不是整数"，但 $\sqrt{2}$ 就是 $\sqrt{2}$，没有人能保证它和 1.414…完全相同。

那么，该如何证明，或者说向别人说明它不是整数呢？我们来思考一下。

$\sqrt{2}$ 是什么样的数？ ➡ 是平方后等于2的数

这一点我们已经在"数之路"中学过了。也就是说，从这个定义可知，只要能说明" $\sqrt{2}$ 处于整数 1 和 2 之间"，就能完成这道题的证明。

证明 $\sqrt{2}$ 的平方为整数2。
自然数1的平方为1，自然数2的平方为4。
因此以下关系成立。

$1 < 2 < 4$
即
$1^2 < (\sqrt{2})^2 < 2^2$
因此可以说
$1 < \sqrt{2} < 2$
$\sqrt{2}$ 处于两个相邻的整数1和2之间，
因此它不是整数。

深入分析这个证明过程会发现，除了 $\sqrt{2}$ 的定义，我们还用到了

其他一些正确的数学事实。

首先，"$\sqrt{2}$ 处于整数 1 和 2 之间，所以不是整数"这个结论，用到了整数的性质**"1 和 2 之间没有整数"**。

其次，之所以能从"$1^2 < (\sqrt{2})^2 < 2^2$"推出"$1 < \sqrt{2} < 2$"，是基于以下事实。

对于正数　➡　若 $a < b$，则 $a^2 < b^2$

反之　➡　若 $a^2 < b^2$，则 $a < b$

由此可见，**在数学逻辑和证明中，我们先有期望得到的结论，也就是想要说明自己主张的"心情"，然后为了得出这个结论，需要积累正确的数学事实。**

正如第 156 页证明勾股定理时所做的那样，在得出结论的过程中，只要每一步都是无可争议的，任何内容都可以使用。因此，证明可以有多种方法和思路，这是很正常的。

另外，不仅限于证明题，在解决任何问题时，**掌握越多能用的内容，也就是数学事实越多，就越有优势。每一个这样的事实都是"武器"，也是基础。**

顺便一提，**"若 $a < b$，则 $a^2 < b^2$"**在**"a, b 为负数"**时不成立。

举例来说，**"$a = -4$，$b = -2$"**时满足 $a < b$ 的关系，但二者的平方分别是 16 和 4，a^2 更大，所以 $a^2 < b^2$ 并不成立。

第 3 步

对"反例"敏感能够提高证明的正确性

初中生

正确为证明，错误则为"反例"

本书已经多次提到"反例"的话题。**反例是指当存在某个论点时，能够表明该论点不成立的例子**。在数学逻辑和证明中，存在反例的论点就是不正确的。

既然如此，为什么还要学习反例呢？这是**因为它能"避免做出错误的证明"以及"用来验证证明的正确性"**。让我们一起来思考下面这道题。

 题目

有实数 a 和 b。a 是整数，b 不是整数。下面几个论点中，哪些是错误的？

① $a+b$ 不是整数   ② $a-b$ 不是整数

③ $a \times b$ 不是整数   ④ $a \div b$ 不是整数

先任意选两组符合条件的数开始尝试。

当 $a=1$，$b=\dfrac{3}{2}$ 时……

① $1+\dfrac{3}{2}=\dfrac{5}{2}$ ② $1-\dfrac{3}{2}=-\dfrac{1}{2}$

③ $1 \times \dfrac{3}{2}=\dfrac{3}{2}$ ④ $1 \div \dfrac{3}{2}=\dfrac{2}{3}$

都不是整数

当 $a=2$, $b=\sqrt{2}$ 时……

① $a+b=2+\sqrt{2}$　　② $a-b=2-\sqrt{2}$

③ $a\times b=2\sqrt{2}$　　④ $a\div b=2\div\sqrt{2}=\dfrac{2}{\sqrt{2}}=\dfrac{2\sqrt{2}}{2}=\sqrt{2}$

> **依然都不是整数**

那么，这样就可以说①～④都是正确、没有反例的论点吗？答案是，③和④是错误的，它们存在反例。比如以下情况。

鹤崎总结！

当 $a=2$, $b=\dfrac{3}{2}$ 时……　　$a\times b=2\times\dfrac{3}{2}=3$　← **变成了整数！**

当 $a=2$, $b=\dfrac{2}{3}$ 时……　　$a\div b=2\div\dfrac{2}{3}=3$　← **变成了整数！**

像这样，无论是数学问题还是日常讨论，只要能够举出一个反例，就能指出某个论点是错误的。当你认为某个论点不对时，只要举出反例即可。

对于正确的论点，在日常讨论中，只要对方认可就没问题，但在数学问题中，很多时候需要给出"正确性的证明"。

那么，我们能否证明"① $a+b$ 不是整数"的正确性呢？

证明　因为 b 不是整数，所以存在一个整数 c，

$c<b<c+1$

那么加上整数 a，

$$a + c < a + b < a + c + 1$$

$a+b$被两个相邻的整数用不等号夹在中间，因此$a+b$不是整数。

稍微补充一点，这项证明与"第 2 步"中证明"$\sqrt{2}$不是整数"的过程非常相似。因为 b 不是整数，所以它必然处于某两个相邻的整数之间。

假设其中一个整数是 c，而**整数与自己 ±1 后的两个整数相邻**，因此可以说 b 处于 c 和 "**$c+1$**"之间。

已知 a 是整数，**整数之和必为整数**，因此 "**$a+c$**"与 "**$a+c+1$**"都是整数。而 "**$a+b$**"处于二者之间，可以证明它不是整数。

我们也可以用同样的思路证明②，请大家务必尝试挑战。

寻找反例的技巧

在前文的题目中，似乎很容易就能找到反例，但实际上，寻找反例通常都有一定难度。让我们一起来思考下面这道题。

❓ 题目

a 是有理数，b 是无理数，那么 $a \times b$ 是无理数吗?

对于这个论点，如果它是正确的，就需要证明；如果它是错误的，就必须举出反例。大家觉得它属于哪一种呢？

当 $a = 1$，$b = \sqrt{2}$ 时…… $a \times b = \sqrt{2}$
因此结果是无理数。

当 $a = \dfrac{4}{3}$，$b = \pi$ 时……　　　 $a \times b = \dfrac{4}{3}\pi$

果然还是无理数。

似乎不管怎么想，结果都是无理数，但我在给出题目前已经说过"寻找反例通常都有一定难度"，实际就是在提示大家，这道题存在反例。

看到答案，大家肯定就会恍然大悟。当"$a=0$"时，"$a \times b = 0$"是有理数，因为**有理数中包括 0**。

所以，这里仅针对数学问题而言，寻找反例是有技巧的，我的思路如下。

鹤崎总结！

①考虑0的情况　　②考虑极端情况

③考虑1的情况　　④收集特殊的例子

我最推荐的方法是①，**对我来说，只要提到"有理数"就会首先想到 0**。

对于②，我们可以以"三角形"为例，思考反例时既要考虑几乎扁成一条直线的三角形，也要考虑形状规整的等边三角形。

③和①相似，有时会成为出乎意料的盲点。

第 144 页提到的凹四边形就是④这种情况的典型例子。除了像这样的特殊情况，我还建议大家收集那些自己出过错的题目。例如，这次没想到"$a=0$"的情况，那么下一次就要避免犯同样的错误。

第4步 要看出错误证明

出现潜在错误的重点

顺着"反例"的思路，再来深入探讨一下"能否看出错误"这个问题。在证明过程中对错误保持敏感，以及能够察觉他人论点中的错误，我认为在当下都是比较受重视的能力，这不仅在证明过程中很重要，在解题时同样重要。

 题目

有一个实数 a，它的 2 倍和平方值相同。

求实数的值。

列出右边的等式，这个等式表示实数 a 的"2 倍与平方值相同"。两边同时除以 a，可以得到"$2 = a$"。2 的 2 倍为 4，2 的平方也为 4，确实符合条件。

$$2a = a^2$$

假设现在有人就此提出"实数 a 就是 2"这一论点，你会认同吗？还是说，你自己也是这么认为的？

在数学或其他任何领域中，**提出论点或给出解答时，我们都要养成思考是否存在错误的习惯**。在这道题中，正如"第 3 步"最后提到的，还要"考虑 0 的情况"，"$a=0$"同样满足条件。尽管 0 在这里并非反例，不过大家应该意识到，"答案并非只有一个，而是有两个"。

那么，得出"只有 $a=2$"的解答过程错在哪里了呢？**它错在了"两边同时除以 a"这一步**。就像第 37 页提到的，"0 不能做除数"。

解答①

$$2a = a^2$$

ⅰ) $a = 0$时，$2a = a^2$成立，
因此，0是一个解。

ⅱ) $a \neq 0$时，两边同时除以a，
$$2 = a$$
因此，$a = 0$、2。

像这样，根据 a 取值的情况不同，结果会有所差异，在这种情况下容易出现反例、错误或疏漏，所以要格外注意。例如，"当 a, b, c 为实数时，$y = ax^2 + bx + c$"是抛物线吗？"针对这个问题就可以找出反例，如果"$a = 0$"，那么等式就变成了"$y = bx + c$"，这是一条直线。

另外，刚才那道题还有另一种思路。

解答②

$$2a = a^2$$

解这个一元二次方程
$$a^2 - 2a = 0$$
因式分解可得
$$a(a - 2) = 0$$
因此，$a = 0$、2。

列出等式后，如果能意识到"这是一元二次方程"，就可以全面考虑 a 的任何可能性，从而得出正确答案。

这是一个很好的例子，说明掌握多种"武器"后，解题方法就会更丰富。

第 5 步

没有遗漏的"条件分支"
能够证明所有情况

高中生

掌握所有情况是关键

当问题的条件因情况而异时，可以像"i）○○情况时""ii）△△情况时"这样使用**"条件分支"**，这也被称作**"分类讨论"**。擅长此方法的人能够高效且灵活地运用它，在数学逻辑和证明中，这是一种很容易拉开差距的**"武器"**。

❓ **题目**

正整数的平方叫作"平方数"，请证明平方数除以 3 的余数不会是 2。

这是一道数学证明题，也就是说，我们要说明"平方数除以 3，余数似乎不会是 2"这个结论是正确的。

让我们试着举出平方数的例子

$1^2 = 1$、$2^2 = 4$、$3^2 = 9$、$4^2 = 16$、$5^2 = 25$、$6^2 = 36$……

分别除以3

$1 \div 3$ ➡ 得0余1

$4 \div 3$ ➡ 得1余1

$9 \div 3 = 3$

$16 \div 3$ ➡ 得5余1

$25 \div 3$ ➡ 得8余1

$36 \div 3 = 12$

目前为止，余数看起来确实不会是 2。

在现实中，比如进行某项调查时，可能会出现"似乎会得出某种结果"的推测，或者产生"要是能得到这样的结果就好了"的想法。提出这些论点时，就需要证明，并确定论点的正确性，防止他人挑刺。为此，我们需要对反例保持敏感。

这次的题目中已经给出"不存在反例"的结论，因此只要证明余数不会是 2 即可，但在处理现实问题时，我们也要对反例保持敏感。

现在回到题目本身。

作为大前提，大家应该都知道，"所有正整数除以 3，余数只能是 0、1、2"。余数为 0 表示能被整除，而且因为是除以 3，余数不可能大于或等于 3。

既然如此，接下来只需带着**"考虑到所有情况和条件分支"**的**"心情"**去解题即可。

证明　　假设有一个正整数 n。

ⅰ）n 除以 3 余 0（整除）时，

n 是 3 的倍数，

因此可以写成 $n = 3m$（m 为整数）。

两边分别求平方，

$n^2 = 9m^2 = 3 \times 3m^2$

因此，n^2 是 3 的倍数。

ⅱ）n 除以 3 余 1 时，

可以写成 $n = 3m + 1$（m 为整数），

两边分别求平方，

$n^2 = (3m+1)^2 = \underline{9m^2 + 6m} + 1$

$9m^2 + 6m$相当于$3(3m^2 + 2m)$，是3的倍数。

在这种情况下，n^2除以3，总是余1。

ⅲ) n除以3余2时，

可以写成$n = 3m + 2$（m为整数），

两边分别求平方，

$n^2 = (3m + 2)^2 = 9m^2 + 12m + 4$

$9m^2 + 12m + 4$相当于$\underline{9m^2 + 12m + 3} + 1$，

$9m^2 + 12m + 3$相当于

$3(3m^2 + 4m + 1)$，是3的倍数。

在这种情况下，n^2除以3，总是余1。

根据ⅰ)~ⅲ)，平方数除以3的余数总是0或1，
不会是2。

"正整数除以 3 只会出现整除、余 1、余 2 的情况"，这道题的解题前提是知道这一数学事实，并且掌握"数之路"里提到的"展开"计算，然后像这样列出条件分支，就能完成无懈可击的证明。

列条件分支时需要注意的关键是，不能遗漏任何条件。

以这道题为例，"正整数除以 3 只会出现整除、余 1、余 2 的情况"，一共只有 3 种情况。

假设存在余数是 3 或者 4 的情况，我们却遗漏了这个条件，就无法证明论点在所有情况下成立。

第6步

熟练后会变得强大的
"逆、否、逆否"命题

高中生

"逆、否、逆否"命题的逻辑

接下来要介绍的是一种强有力的逻辑形式——可以成为证明"武器"的**"逆、否、逆否"命题**。

> **命题** "喝酒的人已满20岁"

假设有以上"命题"。在日本国内且不违反法律①的情况下，这个命题是正确的，对吧？

> **逆命题** "已满20岁的人就会喝酒"
> **否命题** "不喝酒的人未满20岁"
> **逆否命题** "未满20岁的人不喝酒"

上述分别是该命题的"逆、否、逆否"命题。

"逆命题"为命题的前后内容互换位置。

"否命题"为命题的前后顺序保持不变，但前后内容均变成否定形式。

"逆否命题"既要"逆"又要"否"，也就是命题的前后内容要在互换位置的同时也变成否定形式。

那么，这三个命题中有哪些是正确的呢？

---

① 日本法律规定，未满20岁的人不得饮酒。——编者注

首先来看"逆命题",这个命题不正确。就拿我自己来举例,我已经快 30 岁了,但我并不喝酒。

接下来看看"否命题",还是以我自己为例,我不喝酒,但我已满 20 岁,所以这个命题也不正确。

最后来看"逆否命题",这个命题是正确的。当然,还是要强调一下,它成立的前提是在不违反法律的情况下。

由此可见,**"逆否命题"与原命题真假一致,"逆命题"和"否命题"的真假则不一定与原命题一致。**因此一旦原命题为假命题,那么"逆否命题"同样为假命题,但"逆命题"或"否命题"有可能为真。

真命题与假命题

 题目

如果自然数 n 的平方为奇数,那么 n 是奇数还是偶数?

让我们稍微从数学逻辑的角度来看一看"逆、否、逆否"命题。大家会如何思考这道题?大概绝大多数人会在心里尝试用具体的自然数求平方。

$1^2 = 1$(奇数)　　$2^2 = 4$(偶数)　　$3^2 = 9$(奇数)

$4^2 = 16$(偶数)　　$5^2 = 25$(奇数)

这时,你应该会想要提出以下论点。

> **论点**　如果 n^2（ n 为自然数 ）为奇数，那么 n 为奇数！

可是会有人反驳："不对，不对，虽然到 5 的平方确实可以这么说，但不能保证后面的数也都是同样的结果呀！"

对此，你要如何辩驳呢？请稍稍思考一下。

没错，你可以这样回应：**"如果 n 是偶数，那么 n^2 一定是偶数，所以我的论点是正确的。"**

这是什么意思呢？其实就是通过表明论点的"逆否命题"是正确的，来证明原命题的论点正确。对于这个"逆否命题"，大家能理解它为什么是正确的吗？因为任何数乘以偶数之后都会变成偶数，所以偶数乘以自己，也就是求平方之后自然也是偶数。

然而，在错误的论证中，常常出现像下面这样的情况。

"如果 n^2 是偶数，那么 n 一定是偶数，所以如果 n^2 是奇数，那么 n 一定是奇数！"

这是错将"逆命题"为真作为原命题为真的依据了。在这道题中，"逆命题"碰巧为真，但正如前面所说，"逆命题"的真假不一定与原命题一致，大家需要小心。

举例来说，"如果 n 是 2，那么 n^2 是偶数"为真命题，它的"否命题"是"如果 n 不是 2，那么 n^2 是奇数"。如果以"否命题"的真假为依据判断原命题的真假，对这种错误可就不能坐视不理了。因为当 n 是 4 时，n^2 是偶数 16，所以这个"否命题"为假命题。不过，如果是根据"逆否命题"，即"如果 n^2 为奇数，那么 n 不是 2"的真假来判断原命题的真假，那就没有问题。

在日常生活中，我对"反之"这个词会格外敏感。"反之"常常没有被正确地用来表示"逆命题"，反而更多地被用于表达"否命题"或者"逆否命题"。

如果有人为了证明自己论点的正确性，开始说"反之如果○○的话，不就没问题了吗"之类的话，大家一定要仔细判断其是否符合"逆否命题"的逻辑，注意不要被误导。

专栏

$\sqrt{n}$一定是无理数或整数吗

本书中已多次出现"$\sqrt{2} = \pm 1.414\cdots$""$\sqrt{3} = \pm 1.732\cdots$"这样的无理数了，而"$\sqrt{4} = \pm 2$"。

那么，$\sqrt{n}$一定是无理数或整数吗？让我们用逆否命题来证明这个朴素的疑问。

如果下述逆否命题正确，则原命题正确。

原命题

如果n是自然数，那么$\sqrt{n}$一定是无理数或整数。

逆否命题

如果$\sqrt{n}$是非整数的有理数，那么n不是自然数。

首先，什么是"非整数的有理数"呢？就是分数。也就是说，"$\sqrt{n} = \dfrac{q}{p}$（其中p与q互素，且$p \neq 1$）"。

正如第211页提到的那样，两个数互素是指二者的最大公因数为1，$\dfrac{q}{p}$是无法继续约分的分数。另外，如果p为1，$\sqrt{n}$就变成了整数，所以要加一项条件，要求p不为1。这样就可以完成证明。

$$\sqrt{n} = \frac{q}{p}$$ ← 两边求平方

$$n = \frac{q^2}{p^2}$$

p^2 与 q^2 互素，且 $p^2 \neq 1$，所以如果 $\sqrt{n}$ 是分数，那么 n 就不是自然数。因此，如果 n 是自然数，那么 $\sqrt{n}$ 一定是无理数或整数。

　　像这样，使用"逆否命题"，只需短短几行就能完成证明。如果能熟练使用，它会成为一个强大的"武器"。

第7步 否定"异世界"的证明——"反证法"的厉害之处

高中生

揭露"异世界"的矛盾

最后，我们要介绍的是**"反证法"**。和"逆否命题"一样，"反证法"是在高中数学中才会学到的一种"武器"，但无论是在学校生活还是商业场景中，它都是值得正确运用的强大"武器"。那么，它究竟是什么样的方法呢？

反证法是这样一种逻辑形式："当有一个想要主张的论点 A 时，先考虑 A 的否定情况，然后在 A 被否定的世界里进行讨论，于是会因结果产生矛盾而导致讨论无法顺利进行。由此可知，A 被否定的世界就是不可能存在的。因此，A 存在的世界才是正确的。"

? 题目

请证明素数有无数个。

现在，具体来尝试一下反证法。大家都知道，因为整数有无数个，所以素数应该也有无数个。但是如果必须证明它，要怎么办呢？

如果用反证法，就需要假设"素数的数量有限，也就是存在一个有最大素数的世界"。

证明① 当素数有限，只有 m 个时，将素数 P 从小到大表示为

$P_1, P_2, P_3, P_4, P_5, \cdots, P_m$

所有素数相乘

$P_1 \times P_2 \times P_3 \times P_4 \times P_5 \times \cdots \times P_m$

得到的结果为每个素数的倍数。

到这里，大家应该都能理解，对吧？素数是除了 1 和它自身外不能被其他数整除的大于或等于 2 的自然数，比如 2、3、5、7、11 这些数。

假设最大的素数是 7，所有素数相乘后得到的结果自然就是所有素数的倍数。所有素数相乘得 210，能被 2、3、5、7 整除。

证明②

那么假设有数 $P_1 \times P_2 \times P_3 \times P_4 \times P_5 \times \cdots \times P_m + 1$ 这个数除以任何素数都会余 1，无法整除。

因此，$P_1 \times P_2 \times P_3 \times P_4 \times P_5 \times \cdots \times P_m + 1$ 是素数。

而这与素数有限且有 m 个的假设矛盾，所以素数有无数个。

这里引入 210+1，也就是 211 这个整数。211 除以 2、3、5、7 中的任何一个数必然余 1，因此如果最大的素数是 7，那么 211 也是素数。

这就意味着，"在我们设想的素数有限的世界中，即使假设最大的素数是 7，事实也并非如此。在这个设想的世界中，还存在一个素数 211。因此实际上，素数有无数个"。通过这样的逻辑，将其推广到"最大的素数为 P_m 的世界"，说明其中的矛盾，从而完成证明。

这里需要大家注意的是，在"素数有限的世界"里创造出的新素数在"素数有无数个的现实世界"中不一定是素数。同样，用于证明的方法在现实世界中也不一定能创造出素数。

在最大的素数为 7 的世界中创出的新素数 211，在现实世界中确实也是素数。然而，在最大的素数为 13 的世界中，2、3、5、7、11、13 相乘后加 1 会得到 30 031。在最大的素数为 13 的世界中，这是一个新素数，但在现实世界中，"30 031＝59×509"，可以进行因数分解，所以它并不是素数。因此，尽管这种误解很常见，但**并不能认为素数相乘后加 1 就一定能在现实世界中创造出素数**。

反证法让我深受触动的点在于，它实际上并没有真正构造出一个素数，却能证明素数"有无数个"。

按照此前的证明逻辑，可能需要"发明一个能创造无数个素数的算法"才能证明素数有无数个，**但反证法只需要构造一个"异世界"，通过否定那个世界就能完成证明**。由此可见，反证法是一种强大的逻辑形式。

另外，尽管我在"第 6 步"中提到了"要注意'反之'这个词"，但如果这里的"反之"是"假如"的意思，并且后面接的是反证法的论证，那么这个论证也是有可能顺利推进的。

大家感觉如何？

逻辑和证明需要使用在此前的"道路"中获得的"正确数学事实"，而**逻辑和证明本身也可以说是一种形式的"武器"**，是顺利导出结论的方法。

如果能够掌握逻辑和证明的方法，就能拥有合理解释自己的论点的能力，具备符合逻辑地解决问题的能力。

"答题王"鹤崎的挑战书！
三角形难题

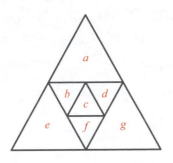

首先，如上图所示给 7 个三角形格子命名，然后根据题目条件列出如下等式。

$$a+b+e=a+d+g=e+f+g=b+c+d+f=S$$

考虑到每个等式都等于 S，将 4 个数相加后得出

$$2a+2b+c+2d+2e+2f+2g=4S$$

另外，题目要求将整数 2~8 不重复地填入格子 a~g 中。也就是说，a~g 中的数字相加可得 "$2+3+4+5+6+7+8=35$"。

于是，大家会产生如果刚才的 "$2a+2b+c+2d+2e+2f+2g$" 里的 "c" 是 "$2c$" 就好了的 "心情"。既然如此，就可以将 a~g 扩大到 2 倍，等于 35 的 2 倍 70。

$$2a + 2b + 2c + 2d + 2e + 2f + 2g = 70$$

这意味着什么呢？从 70 中减去原本没有的 1 个 **"c"**，可以得到 $4S$，也就是 4 的倍数。由此可得，填入 c 的数字是 **"2"** 或者 **"6"**。

接下来，建议大家耐心地逐一尝试。思考一下 "8 应该填入外围的格子 a, e, g 还是内侧的 b, d, f" 会比较容易得出答案。

正确答案有以下 6 种，仔细观察会发现，它们之间只是数字的位置发生了旋转或者翻转，本质上其实只有 1 种正确答案。

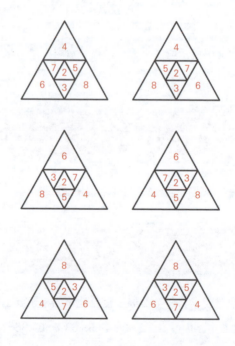

"答题王"鹤崎的挑战书！

10级台阶

解答篇

首先，爬1级台阶的方法当然只有一种，就是 A 一级一级爬。

爬2级台阶的方法有两种，分别是 A 一级一级爬和 B 隔一级跳着爬(一次爬2级)。

那么，再来思考一下爬3级台阶的方法。

想要爬3级台阶，要么从第1级向上爬2级，要么从第2级向上爬1级。

也就是说，爬3级台阶的方法如下。

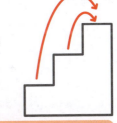

从第1级向上爬2级　➡　1种（A→B）
从第2级向上爬1级　➡　2种（A→A→A / B→A）

加起来一共有 3 种方法。

根据相同的思路，思考爬4级台阶有多少种方法。

从第2级向上爬2级
➡　2种（A→A→B / B→B）
从第3级向上爬1级
➡　3种（A→A→A→A / A→B→A / B→A→A）

加起来一共有 5 种方法。

"爬 5 级台阶有多少种方法?"

从第3级向上爬2级
➡ 3种（A→B→B / A→A→A→B / B→A→B）
从第4级向上爬1级
➡ 5种（A→A→B→A / B→B→A /
A→A→A→A→A / A→B→A→A / B→A→A→A）

加起来一共有 8 种方法。

用表格列出到这里为止的情况如下。

台阶数	1	2	3	4	5
方法数	1	2	3	5	8

实际上，将前面两个台阶数对应的方法数相加，就能得到爬当前级数的台阶的方法数。这就是"斐波那契数列"。有兴趣的人一定要查查看，能够了解到非常优美的数字规律。

继续填写表格如下。

台阶数	6	7	8	9	10
方法数	13	21	34	55	89

因此，爬 10 级台阶的方法有 89 种。

作者后记

感谢大家陪我走完这段轻松的数学之旅！

之所以说"轻松"，其实蕴含着我希望大家能以轻松的心态接触数学、投入数学的"心情"。尤其是那些对数学有畏难情绪的朋友，可能更需要这样的心态，毕竟连我自己都有过"数学严谨而枯燥"这样的刻板印象。

所以，说得极端些，即使你读完这本书，仍然无法立刻答对所有题目，或者还是存在不明白的地方，也完全没关系。毕竟，追求"绝对正确"和"完美"实在是太苛刻了。

我相信，即使只是像听我闲聊一样浏览这本书，当你读完时，也能**大致掌握学校教育中初中阶段所教授的数学内容。如果你有足够的兴趣，甚至还能对高中数学的内容有所涉猎**。

当然，简单易懂的内容总是受欢迎的，但我觉得，**"不懂"的地方也可能成为契机，促使我们去弄明白，从而获得成长**。所以，如果你因为本书中一些稍有难度的内容而产生了"想要弄明白"的念头，那正是我所期望的。

本书的目的是让大家享受数学并爱上数学。我希望通过这种"轻松"的学习方式来实现这个目标，不知效果如何呢？

在实际写作的过程中，我经常感到困惑，不知道自己觉得有趣的内容大家会怎么想，而这也确实是一项颇具难度的工作。

虽然我说过"得不出正确答案也没关系""不明白也没关系"，但我还是希望**"大家能记住一些内容"**。这些内容主要并非传授表面的知识，而是关于学习本质以及能带来乐趣的学习方法。

所以如果在今后的学习中能够想起"鹤崎那样说过"，或许就能帮助大家加深理解。**通过这种方式享受数学并提升实力的人，可能会发现数学的影响力足以改变人生——**这绝非夸张。

最后我想说，我现在之所以能够享受数学，靠的不是我一个人的力量。在此，我要感谢教我数学的父母和其他家人，以及从小学到大学教过我的老师，还有那些和我一起享受数学乐趣的朋友们。谢谢你们，希望今后我们还能一同享受数学的乐趣。

此外，我要特别感谢东京大学研究生院数理科学研究科的同期好友齐菲尔·阿莱什拉斯（Ziphil Aleshlas），他为本书的数学内容提供了宝贵的意见。当然，如果书中存在任何数学上的错误，责任完全在我，与齐菲尔无关。

鹤崎修功

在数学的世界里，

知道得越多，

越能自由玩耍！

熟练使用各种各样
的"武器"，终身享
受数学的乐趣吧！